화학오답집

오답은 왜 생기는가?

야마자키 아키라 지음
편집부 옮김

化學迷答集
誤答はナゼ起こる？
B892 © 山崎 昶
1991
日本國・講談社

【지은이 소개】

야마자키 아키라 山崎 昶

1937년생. 도쿄대학 이학부 화학과 졸업. 이학박사, 전기통신대학 조교수. 전공은 무기화학·분석화학·화학정보이나, 바쁜 연구시간의 틈을 타서 동서양 고금의 서적을 읽는다. 왕성한 호기심과 지식은 정평이 나 있으며, 전공서 이외에도 『화학에 대해 무엇이든 상담』『화학용어소사전』 등을 비롯해 많은 저·역서가 있다. "한 사람이라도 많은 사람에게 화학의 재미를 알려주고 싶다"는 소망을 갖고 여러 방면에서 활동하고 있다.

처음에

　필자의 친구 중의 한 사람에 "'요즘의 젊은 사람은…' 하는 말을 하기 시작하는 것은 노화 증상의 시작이다"라고 항상 말하는 전통파의 젊은 선생이 있습니다. 그런데 어느날 학생들에게 시험을 치루게 했는데 너무나도 엉망인 성적에 어이가 없고 기가 막혀 예상대로 걱정되었는지 좀더 상세한 조사를 해본 모양입니다. 그런데 이런 나쁜 성적의 원인을 조사해 보니 몇 가지의 간단한 사항을 처음부터 잘못 알고 있었기에 문제의 내용을 전혀 반대의 뜻으로 해석하고 있다는 것을 알게 되어 크게 놀라, 자신도 모르게 앞에 적은 것 같은 말을 입밖에 내게 되었습니다.

　그렇게 듣고 보니 분명히 시험이나 신문기사, 텔레비전 프로그램 또는 기타 여러 가지 경우에 있어서도 제한성이 있어서인지 상세하게는 쓸 수 없게 되어 결과적으로 오해를 초래할 만한 문장이나 표현이 되어 있는 경우나, 쓰는 사람이 무엇인가 잘못 알고 있기 때문에 틀린 해석을 하고 있는 경우도 적지 않습니다. 수험참고서나 교육용의 보조자료에서조차 예외는 아닙니다. 그 결과에 말려든 선의의 일반인은 피해자가 되어 때로는 생명에도 관계될 것 같은 일도 있었다고 하기에 몇 사람의 경험자의 이야기를 들어 보았습니다. 그런데 순식간에 한 권의 책이 될 정도의 내용이 모여졌습니다.

　일찍이 블루백스에는 『수학오답집』이라는 명저가 있기에 같은 식으로 학생 여러분들의 '오답'을 골자로 하여 물어 보았습니다. "그런 엉터리 같은 것을…" 하고 웃으면서 읽으면 좋으리라 생각합니다.

이런 종류의 오해의 원인 중 하나에는 너무나도 고색찬란하고 약간은 학자인 체하는 표현이나 옛날식의 습관만을 존중하는 선생님의 존재가 있습니다. 이러한 낡은 방식으로 불편한 것이나 오해의 소지가 있는 것은 거침없이 사라져가는 운명에 있습니다. 반대로 말한다면 "살아남아 있는 표현은 이용가치가 특히 크다"라고 할 수 있을지 모릅니다.

옛날이 그리워 지금은 아무도 쓰지 않는 곰팡이 냄새가 나는 술어를 애용하는 것도 괜찮을지 모르나, 상대가 전문가라면 몰라도 기초지식이 부족하기 쉬운 보통 사람들이나 또는 전혀 백지 상태이며 지금부터 배우려 하는 학생들을 대상으로 하는 경우에는 자칫하면 상호 연관이 없는 '죽은 지식'의 집합이 되기 쉬우니 별로 바람직한 일은 아닙니다. 공상과학소설이나 추리소설 등의 오역이 문제가 되는 것도 어쩐지 이런 데에 원인이 있는 것 같습니다.

연구실이나 공장의 현장 등에서의 전문적인 회화 때에는 짧고 혼동이 생길 염려가 없을 경우에 옛날조의 표현이나 약어가 편리한 경우도 적지 않습니다. 그러나 보통 사람들이 구태여 이러한 전문가의 말을 흉내내어 망신당하거나 어처구니 없는 잘못을 저지르는 것은 마치 코메디 같은 일입니다. 앞에서도 말한 바와 같이 자칫하다가는 생명에 지장을 주는 일이라도 생긴다면 "약간의 잘못은 크게 봐준다"는 말로 만회할 수 없는 처지가 되고 맙니다.

인간의 지능은 융통성이 없는 컴퓨터하고는 달리, 다소의 잘못은 자동적으로 보정할 수 있는 능력을 갖고 있습니다. 그러므로 앞에서 말한 바와 같이 화학의 전문가가 상대인 경우에는 별로 문제가 되지 않으나, 대다수를 점하는 선남선녀가 상대인 경우에는 이 '자동교정기능'도 크게 믿을 바가 못됩니다. 그러므로 때로는 심각한 결과가 빚어져 입시에 낙방하거나 생명에 위험을 주게 될 가능성도 적지 않은 것입니다.

그러한 함정에 빠져드는 일이 없도록 고려하여 꾸민 것이 이 책이므로 마음놓고 봐주기 바랍니다. 여기저기에 있는 좀 어려울 것 같은 부분은 귀찮으면 뛰어넘어 읽어도 무방합니다.

이 책을 펴내는 데 있어 여러 가지로 애써 주신 고단샤의 후지이(藤井俊雄), 나나베(田辺瑞雄) 씨 두 분에게 깊이 감사를 드립니다.

1991년 9월
야마자키 아키라

차 례

프롤로그

담쟁이덩굴이 얽힌 예배당이 창 너머 보이는 산뜻한 대학 구내. 강의실이 모여 있는 건물 앞입니다.

지금 막 강의가 끝났는지, 교과서와 분필상자를 한쪽 손에 들고 연구실로 돌아가려고 하는 마사카 교수는 몇 사람인가의 여학생들이 부르는 애교 있는 목소리에 발을 멈추고 있습니다.

갸피코 교수님 전번 중간시험에서 저는 모든 문제에 해답을 썼는데도 빵점을 받았습니다. 너무 하시지 않습니까. 왜 그런지 가르쳐 주세요. 출제된 문제는 모두 답을 썼는데 말입니다. 다른 아이들은 절반도 쓰지 못하고 백지에 가까운 답안지를 냈다는데도 저보다 훨씬 좋은 점수를 받았습니다. 정말 납득할 수 없습니다. 교수님. 설마 그 애들을 봐주시는 것은 아니겠지요. 정말 너무하십니다.

미이코 저도 빵점이었서요.

하아코 저도요.

마사카 교수 어디 봅시다. 시험지는 분명히 돌려주었으니 세 사람 다 갖고 있겠지요. 내놔 보세요.

세 사람 예, 여기 있습니다.

마사카 교수 야아, 이건 답안지가 새빨갛지 않아. 다 틀렸으니 말이다. 어떻게 이렇게도 다 틀릴 수가 있담.

갸피코 그렇지만 교수님, 전번 시험은 시험범위도 정해 주시지 않았지 않습니까. 그래서 할 수 없이 선배 몇 사람으로부터 과거 5년간의 문제와 모범답안을 얻어가지고 밤샘하면서 외워 썼는데 전부 틀린다니 도저히 믿어지지 않는군요. 그런 일이 있을 수 있습니까? 정말 믿기 어렵습니다.

마사카 교수 그랬었나. 그럼 너는 문제를 푼 것이 아니라 전부를 외운 대로 썼단 말이냐?

갸피코 물론이지요. 모처럼 모범답안도 함께 구했는걸요. 그러니 힘들여 자신이 문제를 생각해서 풀 필요가 어디 있겠어요. 셋이 나누어서 사본을 만들어 전부 외워 버렸는걸요.

미이코 정말 그래요. 지난번 시험도 절반 정도는 작년의 소메이 교수님의 중간시험 문제와 거의 같았거든요. 나머지는 재작년쯤의 것과 같았고요.

마사카 교수 그야 그렇겠지. 중요한 문제는 입학시험이나 새로운 시험에서도 여러 번 출제되니까. 약제사나 의사의 국가시험의 경우도 마찬가지니깐. 그런데 해답까지 통째로 외우다니 대단한 에너지 낭비를 하였겠구나.

하아코 우리들이 외운 것이 전부 틀렸다는 말씀입니까?

마사카 교수 글쎄, 이 답안지를 보는 한 그렇게밖에 생각할 수 없는데.

갸피코 그럴 리가 있겠습니까? 그래도 선배들의 것도 한 사람이 모든 문제의 모범답안을 준 것이 아니라, 여러 사람의 것을 종합하여 워드프로세싱하여 모범답안을 만들었는데도 말입니까?

마사카 교수 도대체 누구로부터 받았기에 말이냐?

갸피코 사실은 비밀을 지키도록 약속했는데, 전부 틀렸다니

화가 나서 말해 버릴까 보다.

미이코 1년 위인 후하 선배와 2년 위인 산토오 선배, 그리고….

하아코 금년에 졸업한 도이 선배도.

마사카 교수 너무들 했구나!

갸피코 왜 그러세요, 교수님?

마사카 교수 고르기도 고른 것이 모두가 저공비행의 명수들이 아니냐.

미이코 무슨 뜻이에요. 그 '저공비공'이란. 세 사람 모두 특별하게 행글라이더나 비행기 클럽에 속해 있는 사람들은 아닌데요.

마사카 교수 저공비행이란 언제나 낙제를 겨우 면할 정도로서 떨어지지는 않았으나 언제 떨어질지 모르는 학생을 뜻하는 말로 옛날부터 쓰여온 말이지.

하아코 어머, 전혀 모르고 있었네요. 그럼 우리들도 그렇겠군요.

마사카 교수 이거 큰일났구나. 너희들은 이 상태라면 저공비행은 고사하고 완전 낙제감이야, 낙제감.

세 사람 선생님 너무하십니다.

마사카 교수 하여튼 좋아! 그럼 세 사람 같이 이 문제와 해답집을 갖고 내일 점심먹고 연구실로 오도록 해. 엉터리 정보가 대를 이으면서 인계되다니 정말 큰일이구나.

세 사람 네, 알겠습니다.

　이상과 같은 사정에 따라 세 명의 아가씨들은 사이좋게 마사카 선생의 연구실에 복사본 뭉치를 한아름 안고 나타나게 되었습니다.

―― 같은 날 오후, 학교 앞 다과점입니다. "아냐", "정말이야", "몰라"라는 말밖에 모르는 것 같은 아이들로 꽉차 있습니다. 한쪽 구석의 박스에서 갸피코는 선배같이 보이는 사도시 군 앞에 루스리프 노트를 펼쳐놓고, 아이스 커피를 한쪽 손에 잡고 무엇인가 지껄이고 있습니다.

갸피코 선배님. 저 전번의 중간시험은 완전히 엉망이에요.

사도시 군 (한심하다는 듯이) 또, 말이냐? 보나마나 밤새도록 싸돌아다니느라고 공부 안했을 것은 뻔하니, 당연한 결과 아니겠어?

갸피코 그건 그래요. 그렇지만 제일 성적이 나쁜 과목은 화학이었어요. 그래서 담당인 마사카 교수의 방에 가 보았어요. 혼자 가기에는 자신이 없어, 같은 빵점 패인 미이코와 하아코와 함께 말입니다. 그런데 자리에 안 계시던데요.

　연구실 비서에게 들었는데 마사카 교수님은 대학 밖에서도 유명하다고 하더군요. 전혀 몰랐는데 말입니다. 책도 몇십 권이나 냈다던데요.

사도시 야아, 네가 마사카 교수의 강의를 듣다니, 대단한데. 다시 봐야겠는걸. 그런데 그 비서는 좀 딱하지. 나하고 유치원 동기란 말이야.

갸피코 그 교수님의 강의는 참 재미있는데, 시험이 너무 엄해요. 지난번에도 누군가가 교실에서 '시험범위 알려 주세요' 했다가, '대학의 시험에는 삼류학문 이외에는 시험범위란 없어요!' 하고 혼이 났어요.

사도시 그래서?

갸피코 뭔지 모르겠으나, 절반 정도는 작년까지 같은 강의를 하고 있는 소메이 교수 시험문제의 모범답안을 암기한 그대로 썼어요. 같은 강의제목이었고, 과거 시험문제를 절대유효한 대책으로 여겼기에 말입니다.

사도시 여자들은 암기가 특기인 모양이야. 그렇지만 소메이 교수는 지금은 없지 않아?

갸피코 금년 봄에 그만두셨지요. 그리고 얼마 있다 돌아가신 모양이에요. 들리는 말에 의하면 개를 대리고 산보하던 중 공장의 폭발사고로 날려온 양철판에 얻어맞은 것이 원인이라던가….

사도시 어, 그거 안된 일이구나. 그렇지만 소메이 교수의 강의는 매우 인기가 없었어. 교과서는 있었지만 전혀 관계없이 내용을 빠른 소리로 말하기도 하고, 칠판 가득히 그림과 글을 적어놓으니, 제대로 노트할 수도 없었어. 그러나 시험점수는 잘 주었지.

그 모범답안이 소메이 교수가 검토한 것이었어?

갸피코 아니요. 우리들 몇 사람이 나눠서 선배들로부터 얻은 것이예요. 전부가 해답은 아니지만 일부분은 있었지요. 그러니 빠진 부분은 다른 선배들 것을 모아서 보거나, 학원강사를 하고 있는 사람이 자기 친구에게 만들어준 해답 등을 모아서 만들었지요. 지금은 중년의 아저씨이지만.

사도시 그래, 어디 좀 보여줘. 뭐야 이건. 군데군데 읽을 수 없는 글자가 있는데, 요즘 글씨와 옛날 글씨가 막 섞여 있잖아. 이걸 정말 다 암기했단 말이냐?

갸피코 그래도 시험장에서 문제를 보니 마사카 교수의 이번

문제는 말이에요, 3분의 2 정도가 작년의 소메이 교수의 문제와 거의 같은 것이었어요. 그러니 옳다고 생각하고 전부 암기한 그대로 썼지요.

다른 사람들은 절반쯤밖에 풀지 못했는데도 좋은 점수를 받았는데, 전부 쓰고도 빵점이라니 약이 오르잖아요! 그런데 기말시험에서 전보다 좋은 점수를 딴다면 그 쪽을 중요시해 주겠데요.

그러니 이번에는 어떻게든 A를 따야 될텐데 말이야. 아무래도 취직할 때는 A가 많은 것이 유리하지 않겠어요?

사도시 그야 그렇겠지.

갸피코 만점일 줄 알았는데 빵점이어서 실망이 대단했어요.

사도시 알만해.

갸피코 그래서 말이에요. 오늘 강의가 끝난 후에야 겨우 교수님을 만날 수 있었어요. 그래 내일 오후에 미이코와 하아코와 함께 선배들로부터 얻은 모범답안을 가지고 마사카 교수님에게 가서 왜 빵점인지를 알아보기로 했어요. 현재 우리 모두는 낙제 일보 직전에 있으니, 사정은 매우 절박하거든요.

너무나 성적이 나쁘면 학교에서 부모님에게 편지를 보내는 모양이에요.

사도시 그렇지. "수업료를 1년분 더 내셔야 하겠습니다"라는 편지가 간다던데?

갸피코 곤란한데, 그런 편지 보내면. 그렇게 된다면 얼마나 큰 벼락이 떨어질지 모르겠는걸. 그러니 선배님도 함께 같이 가주었으면 고맙겠는데…

사도시 쓸데없는 소리 말라구. 낙제하게 될지도 모르는 것은 너니까. 나중에 어떻게 되었는지만 알려주면 족해.

갸피코 그럼 할 수 없이 셋이서 갈 수밖에. 그런데 어쩐지 자꾸 염려되는데요?

사도시 어쨌든 교수님께 가서 무엇인가 배우고 싶으면, 좀 점잖은 말들을 하라구. 뭐야, 국민학생도 아닌데 엉얼대는 말만 쓰고 있으니! 그러다가는 진짜 알아야 할 것을 배우지 못할 수도 있으니 조심들 하라구.

갸피코 아아, 골치 아파. 알겠습니다. 어떻게든 잘 해보겠습니다. 역시 소중한 일을 위해서는 하찮은 것은 희생해야지요.

이상과 같은 사정으로 결국 갸피코는 친구들과 함께 마사카 교수를 찾아보게 되었습니다. 어떻게 되었는지는 이 책을 읽으시면 차차 알게 될 것입니다.

——다음 날 오후의 마사카 교수 연구실. 마침 그때 논문 집필을 의논하려고 옆방 연구실의 모토이 교수가 와 있었습니다. 모토이 교수는 아직 젊고 재색겸비하고 있었으나 학생들에게 엄격하므로 어느면에서는 갸피코나 그녀의 친구들은 소원해하고 있는 듯했습니다.

이야기가 어느 정도 끝날 쯤에 어제의 시끄러운 세 아가씨가 나타났습니다. 노크도 하지 않고 방문을 열고는,

세 사람 교수님, 가르쳐 주세요?

하고 애교섞인 목소리를 지르는 것입니다. 도저히 그냥 넘길 수가 없었던지 모토이 선생이 일어나,

모토이 교수 잠깐! 여러분, 무슨 일로 이 방에 들어왔어요?

갸피코 왜요. 어제 마사카 교수님께서 중간시험의 잘못된 답안을 가르쳐주시겠다는 약속을 하였는데요.

모토이 교수 그렇다고 하면 좀더 숙녀답게 행동하세요! 유치원 아이들같이 응석만 부려서야 아무리 시험을 잘 쳤다 해도 졸업할 수는 없는 거예요.

　　타인에게 무엇인가 물으러 왔으면 그것에 알맞는 에티겟이 있어야 하지 않겠어요. 연구실에 왔을 때는 노크하는 것은 상식이 아니겠어요?

갸피코 (시무룩해지면서) 네, 조심하겠습니다.

미이코 모토이 교수님이 계신 줄 몰랐습니다. 죄송합니다.

하아코 그러니 말야, 아까 사도시 선배로부터 듣지 않았어? 누구에게 무언가 여쭤보러 갈 때에는 더 점잖아야 된다고.

갸피코 그랬었지, 교수님 대단히 죄송합니다.

모토이 교수 이거 큰일났군요. 마사카 교수님도 혼자서는 이 학생들을 봐주기에는 어렵겠군요. 저도 도와 드리지요.

마사카 교수 그래 주신다면 고맙지요. 하여튼 이 엄청나게 많은 틀린 해답이 계속 인계된다면, 매년 똑같은 희생자가 생길 테니까요. 어디 그럼 순서대로 보기로 합시다.

세 사람 (기분전환하면서) 잘 부탁드립니다.

　　바로 얌전해지는 것같이 보였지만, 뒷쪽을 읽으면 알 수 있듯이 곧 본성들이 드러납니다.

1. 알칼리성은 신가?

【문 제】
산과 알칼리의 정의를 말하고 보기를 제시하시오.

● 오 답——①

> 산이란 청색 리트머스시험지를 적색으로 변화시키는 것,
> 알칼리는 반대로 적색 리트머스시험지를 청색으로 변화시
> 키는 것을 말한다.

● 오 답——②

> 산이란 산성 식품을 말하며, 알칼리란 알칼리성 식품을
> 말하는 것이다. 그러므로 산의 보기로는 백설탕이나 육류,
> 알칼리의 보기로서는 매실이나 레몬이 있다.

갸피코 교수님, 왜 틀렸습니까? 저는 레몬은 알칼리성 식품이
   라고 알고 있고, 주간지의 미용란에도 같은 말이 있었어요.
마사카 교수 역시 너희들도 활자화된 것은 그대로 믿고 있구나.
미이코 저도 그렇게 배웠는걸요.
하아코 그렇지만 중학교 때 리트머스시험지를 레몬에 대었더

니 빨갛게 되었는데 그건 어떻게 된 거지?
미이코 글쎄 모르겠는걸.

주해

　'산'과 '알칼리(염기)'의 정의는 역사적으로 여러 가지로 변해 왔습니다. 그러나 용액의 화학을 다루고 있는 진정한 분야 이외인 영양학이나 화산학, 암석학이나 염색학 같은 다른 분야에서는 매우 다른 뜻으로 정의되어 왔습니다.

　요즘 이런 시대에 뒤떨어진 정의는 없어지는 경향이 있습니다만 가장 끈질기게 남아 있는 데가 영양학의 분야입니다. 게다가 중학교 과정에서의 가정과 같은 과목의 경우 시대에 뒤떨어진 정의를 열심히 가르치는 선생님들도 꽤 많은 것 같은데, 그 때문에 후에 매우 어려운 입장에 처하게 되는 젊은이들도 적지 않습니다. 여러 가지 '산성'과 '알칼리성(염기성)'의 경우에 대해서는 뒤에 있는 표를 참조하기 바랍니다.

　'산'이나 '염기(알칼리)'의 정의로서 흔히 사용되고 있는 것은 덴마크의 브뢴스테드(Brönsted)와 미국의 로우리(Lowry)가 각각 독자로 제안한 것으로 통상 '브뢴스테드 − 로우리의 정의'라고 불려지는 것입니다. 이 정의에 의하면 수소이온(프로톤)을 내놓는 것이 '산'이고, 반대로 수소이온을 받아들이는 것이 '염기'로 되어 있습니다.

이 정의는 융통성이 있고, 적용범위도 넓으므로 다소라도 화학과 관련있는 분야에서 보통 '산'이니 '염기'이니 하는 말을 사용하는 것은 거의 이 뜻입니다. 이것 이외의 다른 '산'과 '염기'의 정으로서는 '아레니우스의 정의', '루이스의 정의'나 '우사노비치의 정의'라는 것이 있습니다. 그러나 지금의 경우에는 좀 어려우므로 여기서는 다루지 않기로 합시다.

그 중에서도 국민학교나 중학교 정도의 자연교과서에서 사용되는 것은 거의 이 '아레니우스의 정의'입니다.

즉 "물에 녹은 수소이온을 방출하는 것이 산이고, 수산화이온을 방출하는 것이 염기(알칼리)이다"라는 것입니다. 이것을 약간 오해한 것이 첫번째 오답입니다.

아레니우스의 산과 염기의 정의는 얼핏 보아 매우 뚜렷하므로 이 이상 명확한 정의는 없을 것 같이 보이나, 실은 이것으로는 어려운 경우도 자주 있으므로 브뢴스테드─로우리의 정의를 널리 사용하게 된 것입니다.

가령 석탄산(페놀)이나 청산(시안화수소산)은 염산이나 황산과 같은 강산과 비교하면 차원이 다를 정도로 매우 약산이므로 중성의 물에 꽤 다량을 용해시켜도 거의 수소이온농도가 변화하지 않습니다. 즉 분자상태로 물에 녹아 있는 것입니다. 물론 리트머스 색소를 변색시키지도 않습니다.

그러므로 앞서의 「오답 1」에 따르면 어느쪽도 산이라고는 말할 수 없게 됩니다. 그러나 더욱 강한 염기가 존재하면 수소이온을 공급하여 (다시 말해 산으로서 작용하여) 제대로 염을 생성하게 되는 것입니다.

신문기사 같은 곳에 나오는 이른바 '청산가리'는 공업용의 시안화나트륨을 가리키는 경우가 많은데, 완전하게 포장하여 보관하지 않으면 공기 중의 이산화탄소가 수분과 반응하여 생성하는 탄산 때문에 계속 분해가 이루어집니다.

순수한 물 속에는 양은 극히 적으나, 물분자가 해리해서 생기는 수소이온과 수산화물이온이 존재합니다. 물은 전체로서 전기적으로는 중성이므로 수소이온의 수와 수산화물이온의 수는 같습니다. 즉 농도도 같을 것입니다. 상온 부근에서 이 농도는 1리터당 1000만분의 1(10^{-7})몰로 되어 있습니다.

이 중성 상태에 비해 수소이온의 농도가 큰 경우를 '산성', 수산화물이온의 농도가 큰 경우를 '염기성'이라고 하도록 정해져 있습니다.

산을 약간만 가해도 용액 중의 수소이온의 농도는 매우 크게 변화하므로 용액의 성질을 나타내려면 농도 그 자체로서 표현하기보다는 몇 자리 정도라는 방법이 편리할 때가 많으므로 pH 스케일이 사용되고 있는 것입니다.

pH는 일본에서는 일찍부터 독일식으로 '페하'라고 통용되고 있으나 JIS(일본공업규격)에서는 '피에이취'로 읽기로 정해져 있습니다. 그러나 어느 정도로 보급되어 있는지는 잘 알 수 없습니다. 원래는 양조학(釀造學) 쪽에서 100년 정도 이전에 처음 정한 것으로, 정의도 그 후 여러 번 개정되었습니다.

보통은 수용액 중의 수소이온농도의 음의 상용대수로서 정의되어 있습니다. 중성이면 수소이온농도가 $10^{-7}\text{mol}/\ell$ 이므로

$$pH = -\log_{10}\{10^{-7}\} = 7$$

즉 중성의 물은 pH가 7이고, 산성이면 7보다 작은 수의 pH, 염기성이면 7보다 큰 pH가 되는 셈입니다.

산이나 알칼리의 농도가 커지면 단순한 '농도'로는 적절하게 표현할 수 없게 되어 '활량농도'라는 것을 사용해야만 합니다.

실은 현재의 pH의 정의는 '수용액 중의 수소이온활량농도의 음의 상용대수'이지만 농도가 작을 때에는 활량농도와 보통농도의 비율을 1로 보아도 무방하므로 앞쪽에서와 같은 표현으로도 충분합니다.

● '산성'과 '염기성(알칼리성)'의 여러 가지 사용방법

산성	염기성	①
산성지시약	염기성지시약	①
산성욕(酸性浴)	염기성욕	①
산성색	염기성색	②
산성비		②
산성화장수	알칼리성화장수	②
산성혈증	알칼리성혈증	②
(아사도시스)	(알칼로오시스)	
산성영양호	알칼리영양호	②
산성강수(酸性降水)		②
산성사이즈		②
산성지		②
산성천	알칼리성천	②
산성토양	알칼리성토양	②
산성백토		②
산성비료	알칼리성비료	②

산성아미노산	염기성아미노산	③
산성에스테르		③
산성염	염기성염	③
산성산화물	염기성산화물	③
산성다당질		③
산성도	염기도	③
산성식물		④
산성염료	염기성염료	④
산성매염염료		④
산성포스파타아제	알칼리포스파타아제	④
산성암(酸性岩)	염기성암	⑤
산성산소제강법	염기성산소제강법	⑤
산성식품	알칼리성식품	⑥
산성시험비율(당좌비율)		⑥

　(당좌비율 ; 경제학용어. 특히 신용분석 분야에서 당좌자금과 유동부채의
　비율을 이렇게 말한다.)

이 표를 구분해 보면,

① pH가 7보다 적은가 큰가에 위한 '산성'

② 7보다 약간 빗나간 데를 기준으로 하여 '산성', '알칼리성'을
　정의하고 있는 경우

③ 브뢴스테드―로우리의 '산', 다시 말해서 프로톤을 방출한다
　는 뜻

④ 산성의 조건하에서 잘 작용하거나 혹은 산성 조건을 선호
　한다는 뜻

⑤ 규산분의 많고 적음, 혹은 석회나 알칼리금속산화물 분량
  등의 차이를 표현하고 있는 경우
⑥ 근거가 뚜렷하지 않은 것
으로 됩니다. 오른쪽에 적은 ○ 속의 숫자가 이 분류입니다.

또한 식품의 산성도라는 것은 원래는 100그램의 식품을 캬세롤에서 가열회화하여 남은 무기물을 표준의 산이나 알칼리로 적정(適定)하여 구한 것이었으나, 지금은 어느 영양학의 '대권위'가 식품 속의 미량성분 함량을 근거로 계산하여 내고 있다고 합니다.

그렇다면 이것보다 더한 근거희박한 것은 다른 데에는 별로 없을 것 같습니다. 과학의 이름을 빌린 미신 중에서도 극단적인 것의 하나인 것입니다.

2. 산은 위험하나 알칼리는 괜찮은가?

【문 제】

진한 산이나 알칼리가 피부에 묻으면 어떻게 되는가. 그리고 응급조치는 어떻게 하면 좋은가.

● 오 답

> 진한 산은 피부를 용해시키므로 진한 알칼리로 급히 중화시켜야 한다. 진한 알칼리는 공기 중의 이산화탄소로 중화되므로 별로 위험하지는 않다.

갸피코 있잖아, 언제가처럼 고속도로에서 황산을 실은 트럭이 뒤집어져 큰 소동이 난 일은 있어도 알칼리가 흘러서 큰일 났다는 소리는 들어본 적이 없거든.

미이코 사람도 진한 황산에는 용해되거든.

하아코 그래. 어느 누군가의 추리소설에서 읽은 적이 있어. 그렇지만 알칼리로는 시끄러운 소리가 없는 걸 보면 위험하지 않기 때문이 아니겠어.

모토이 교수 그렇지만 미이코는 전에 금색 찬란한 단풍잎 책갈피 표를 갖고 있지 않았어?

미이코 오늘도 갖고 있는데요.

모토이 교수 지난번의 학원제 때 만든 거지요

갸피코 아, 나도 그때 거기 갔었죠. 뭔가 끈끈한 액체 속에서 낙엽을 삶고 있었잖아. 그랬더니 예쁘게 그물 모양으로 엽맥만이 남았지요.

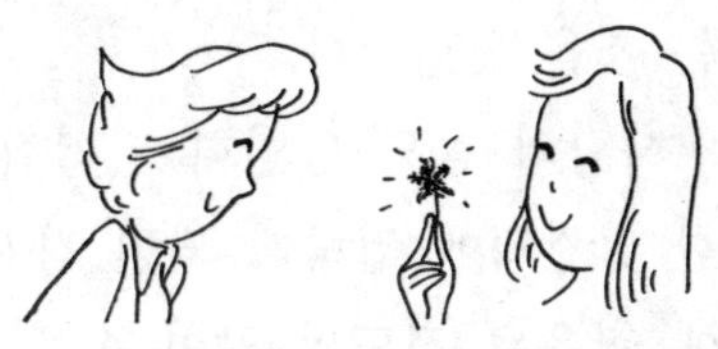

주해

지금 말한 잎맥만을 남긴 책갈피표가 만들어지는 것은 식물의 골격을 형성하는 셀룰로오스는 산이나 알칼리에도 비교적 견딜 수 있는데 그 이외의 부분은 진한 알칼리에 분해되는 것을 이용한 것입니다. '끈끈한 액체'란 진한 수산화나트륨(가성소다)의 용액입니다.

셀룰로오스는 알칼리에도 비교적 강하므로 쪽염색 등에서는 꽤 진한 알칼리성의 염색액―의당 옛날에는 나무를 태운 재였으므로 탄산칼슘이 주성분이었겠지만―에 담궈도 아무렇지도 않았으나 견사나 양모 같은 동물성의 섬유는 폴리펩티드이므로 알칼리에서도 결합이 끊겨 못쓰게 됩니다.

지금도 고급견직물은 비누를 쓰지 않고 무환자나무나 주염나무를 끓인 물로 씻는다는 것은 천연의 중화세제를 이용하고 있는 셈인 것입니다.

세탁비누 중에는 탄산나트륨이 배합되어 있는 것도 있으나,

pH를 높여 더러움을 화학적으로 분해하기 쉽게 하기 위한 것이라고 책에는 쓰여 있습니다.

이 '더러움을 분해한다'는 것은 단백질이나 지방 같은 것을 알칼리가수분해하여 물에 잘 녹는 분자량이 작은 것으로 한다는 것을 뜻합니다.

사람의 몸도 당연히 단백질로 이루어져 있으므로 대량의 진한 알칼리에 접하게 되면 잠시도 지탱할 수 없습니다. 비누 속에 함유된 정도의 양이 손에 묻은 경우에는 피부 표면이 침해되어 이른바 '거친피부' 정도로 끝나지만, 더욱 다량의 강알칼리가 피부에 묻으면 곧 단백질의 분해가 생겨 피부에 구멍이 뚫립니다.

그 옛날, 제정 러시아의 말기시대에 늦게나마 시베리아에도 공업화의 물결이 밀려와 미개한 산림지대에도 목재펄프 제조업이 시작되었으나 작업원은 거의가 감옥에서 보내온 죄수들이었습니다.

성질이 급한 난폭한 사나이들만이었으므로 자주 싸움이 일어나 살인이 생기는 것도 드문 일이 아니었습니다. 때로는 증거인멸을 위해 시체를 펄프제조용의 커다란 반응가마 속에 집어던지는 일도 있었다고 합니다.

아까 말한 낙엽에서 책갈피표를 만드는 것도 필요없는 것을 녹여 셀룰로오스만을 남기려는 것이니, 지금의 목재펄프를 만드는 것과 원리적으로는 똑같은 것입니다.

공업적으로는 몇 톤이나 되는 규모로 펄프를 만드는 것이니, 반응가마도 거대하고 대량의 목재조각을 가성소다로 분해하는 것이니 이 속에 던져넣은 사람의 시체는 흔적도 없이 용해되어 놀랍게도 아무것도 남지 않았다는 이야기입니다. 얼핏 보기에는 완전범죄가 성립한 것같이 여겨집니다. 그렇다면 어떻게 알 수 있었는가요?

인체에는 중량으로서 0.2% 인이 함유되어 있습니다. 뼈나 이빨 등이 주를 이루고 있는데 분해하여 용액으로 되어도 이것은 사라지는 일은 없습니다. 물체로서는 흔적도 없이 사라져도, 이 반응가마 속의 알칼리액 중의 인산이온을 정량하였더니 즉시 발각되었던 모양입니다.

인산칼슘은 물에 녹지 않으므로 골격 표면을 만들 때는 석회 속에 시체를 묻습니다. 연조직 성분이 곧 분해되고 원래 인산칼슘이 주성분이었던 골격만이 석화(石化)하여 남게 되는 거지요. 영국의 문호 디킨스의 미완의 대작 『에드윈 도룰드의 수수께끼』에서는 이 생석회에 의한 사체(死體) 처리가 다루어져 있습니다.

그렇지만 지금과 같은 보존용이 아니고 흔적도 없이 사라졌다는 (즉 먼저의 가성소다의 경우와 같이) 설정으로 되어 있는 것은 좀 이상합니다만.

농도가 진한 알칼리의 수용액은 잘못하여 피부에 묻거나 눈에 들어가면 산보다 치료하기가 어렵습니다. 대부분의 산은 충분한 양의 물로 씻으면 없어지지만 알칼리는 끈적끈적하므로 좀처럼 물로 씻어도 지워지지 않습니다. 그 사이에 점점 조직의 부패는 진행되는 것입니다. 눈에 들어가면 우선은 실명을 각오해야 할 것입니다.

화학실험실에서 보호안경을 착용하도록 귀찮게 잔소리하는 것은 이러한 위험성이 있기 때문입니다.

3. 산은 희석하면 알칼리성이 되는가?

【문 제】
보통 정상인의 위액을 100만배로 물로서 희석하였을 때, 수소
이온농도(pH)는 어떻게 되나.

● 오 답

> 10배로 희석할 때마다 pH가 1만큼 커지므로 100만배로
> 는 6만큼 커진다. 위액의 pH는 약2이므로 희석한 수용액
> 의 pH는 8로서, 약알칼리성이 된다.

캬피코 저는 대수계산이 자신 없어요. 그렇지만 몇 자루 차이
나는가 하는 뜻이 아닙니까. 그러니 이 답이 옳다고 생각합
니다만.

미이코 위액이 100분의 1몰의 염산이란 것은 분명히 생물시
간 때 배운 기억이 있는데요.

마사카 교수 자네들의 답안이 옳다면 부엌에서 드레싱이나 식
초가 쏟아졌을 때나, 물로 씻어 버릴 때도 반드시 양을 측정
해야만 되겠구나.

하아코 왜요?

마사카 교수 왜라니, 산도 알칼리도 폐액은 규제되고 있으니,

산을 너무 희석하여 알칼리성이 강한 폐액이 된다면 흘려보낼
  수는 없지 않은가.
갸피코 그런 법이 어디 있어요……. 그렇지만 생각해 보면 그
  렇기도 하군요.

주해

  왜 이러한 잘못된 생각을 하는가 하면 이 학생들은 물 속에
원래 존재하고 있는 수소이온을 완전히 무시하고 있기 때문입
니다.
  원래 물 속에는 10^{-7}mol/ℓ 의 수소이온이 있는데, 지금의 경
우라면

$$10^{-2}(mol/\ell\,) \times 10^{-6} = 10^{-8}(mol/\ell\,)$$

의 수소이온이 가해지는 결과가 되는 것입니다. 그러니 순수한
물에 비해 1.1배 즉 극소량 만큼 많은 수소이온농도가 되어,
pH로서는 약 6.9정도의 값이 되는 셈입니다.
  수산화물이온을 함유하는 것, 즉 염기를 가하면 수소이온은
이것과 결합하므로 더욱 농도가 낮아져 pH는 7보다 커집니다
만, 지금처럼 원래가 산의 용액이라면 아무리 희석하여도 원래
함유되어 있던 10^{-7}mol/ℓ 보다 작은 값은 되지 않습니다.

산은 물로 희석하는 한 아무리 희석하여도 산이며, 마찬가지로 염기를 물로 아무리 희석하여도 역시 염기인 것입니다.

그런데 이처럼 희석된 용액으로는 시험에서의 계산문제는 고사하고, 실제로 실험해 보면 다른 영향, 가령 공기 중의 이산화탄소의 효과 등이 크게 작용하여 예상한대로 되지 않은 가능성은 있습니다.

비유로서는 적절하지 않을지 모르겠으나, 100프루프(proof), 즉 약 50%의 알코올을 함유하는 보드카가 있다고 합시다.

이것을 미네랄수로 100배로 희석하면 이 보드카 속의 알코올 농도는 100분의 1, 즉 약 0.5%가 됩니다만, 알코올농도 5.0%의 맥주로 희석하면—이런 아까운 짓을 할 일은 물론 없겠지만—최종적인 알코올의 농도는 약 5.5%가 되는 것입니다.

그러므로 저농도로까지 희석하는 경우에는 처음에는 무시하였던 것이 아무런 영향도 미치지 않을 것인가를 검토해보아야 하는 것입니다. 화학의 계산문제에서 보통의 경우는 기여가 1000분의 1미만의 항은 무시하여도 무방하나, 지금의 경우같이 극단적으로 희박한 용액을 만들 경우에는 처음에는 무시할 수 있어도 최종적으로는 계산에 집어넣어야 합니다.

공해분석이나 환경시료분석 등에서는 극히 저농도의 금속염을 함유하는 용액을 표준용액으로서 만들어야 하므로 이때에는 주의하여 정제한 물과 시약을 사용하지 않으면 무엇을 측정하고 있는지 모르게 되는 일이 있습니다.

또한 기구로부터의 오염도 고려하여야 합니다. 원래의 물 속의 농도보다는 전체의 농도를 낮출 수는 없는 것입니다.

이 시험문제의 경우같이, 100분의 1몰의 염산을 순수한 물로 희석할 경우의 pH 변화는 계산으로 구할 수 있으니 아래에 그래프로 나타내 놓겠습니다.

0.01몰의 수산화나트륨을 순수한 물로 희석한 경우도 같은 그래프 내에 포함시키지만, 이것은 수산화물이온을 희석시키므로 역으로 수소이온농도가 점점 커지게 됩니다. 물론, 순수한 물의 부분을 초과하여서까지는 진행하지 않으므로 산을 희석한 경우와 같습니다.

가로·세로축은 모두 대수축이므로 굉장히 넓은 범위를 나타내고 있는 것과 어느 시점까지는 물에서의 수소이온의 기여를 무시하여도 무방하다는 것을 이 그래프에서 알 수 있으리라 여겨집니다.

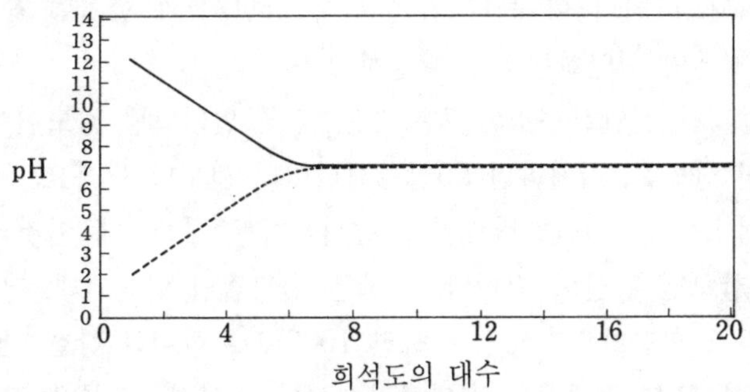

낡은 청산가리

일본의 추리소설에 등장하는 독약의 90퍼센트 이상은 우선 '청산가리'인 것 같습니다.(구미의 추리소설은 '비소' 쪽이 훨씬 많지만)

작가 중에는 청산가리는 맹독이라는 이미지에 사로잡혀 1밀리그램 정도라도 사람을 천국이나 혹은 지옥으로 보낼 만큼 효력이 있는 것처럼 묘사하는 분들도 적지 않습니다. 또 하나는 '화학물질은 영구불변'이란 신념을 지나치게 믿어 그 때문에 어처구니없는 상황(시츄에이션)을 설정하고 마는 경우도 꽤 있습니다.

여러 가지 작품 중에 등장하는 청산가리는 대개가 도금용으로 공장에서 훔쳐나오는 것으로 되어 있는데, 공장에서 실제로 사용되는 것은 '공업용 시안화나트륨'—옛날식으로 말하면 청산소다—입니다.

즉 시안화수소산의 나트륨염인데, 시안화수소산은 매우 약산으로 중성수에 용해시켜도 거의 산성을 나타내지 않을 정도의 것입니다. 그러니 이 산의 염은 더욱 강한 산과 합치면 즉각적으로 맹독인 시안화수소를 발생하게 됩니다.

그렇지만 시안화수소의 치사량은 약 50밀리그램 정도이며 액체라면 한방울, 기체라면 50입방센티미터 정도나 될까요.

대기 중에는 이산화탄소가 미량이나마 존재하는데 이것과 물이 화합하면 탄산이 됩니다. 탄산은 전형적인 약산인데, 그렇다 치더라도 시안화수소산에 비하면 1000배 이상이나 강한 산이므로 습한 공기 중에서는 시안화칼슘이나 시안화나트륨은 표면에서부터 분해하여 탄산염으로 변하고 서서이 시안화수소의 기체를 발생합니다.

제대로 병 속에 밀봉해 둔 것이라면 몰라도, 파라핀종이 같은 것에 싸둔 것은 오랫동안 방치하면 독성인 시안화물은 어느 사이에 공기 중으로 사라져 버립니다. '전시 중에 자결용으로 나누어 준' 것 같은 청산가리는 거의가 탄산나트륨으로 변했을 것입니다.

미량의 시안화수소는 비파나 살구씨, 아몬드 등에도 함유되어 있으나 그 정도로 사람이 죽는 일은 없습니다.

한때 복숭아나 아몬드의 씨가 암에 효력이 있다는 말이 사실인 것같이 퍼져 그 때문에 대량의 복숭아 씨를 한꺼번에 먹어 죽을 지경에 이르렀다는 사람이 있었다 하는데 양이 과다하면 묘약이라도 독작용 쪽이 현저해지는 것입니다.

4. 기름도 중화되는가?

【문 제】
탱커가 좌초하거나 하여 바다에 석유가 유출되었을 때, 어떤
처리를 하면 좋은가.

● 오 답

> 중화제를 뿌려 무해화한다.

갸피코 얼마전 알래스카였는지 오스트레일리아였는지에서 거
대한 탱커가 좌초하여 원유가 바다에 흘러나와서 중화제를
뿌렸다는 신문기사가 있었어.

미이코 걸프전쟁 때도 쿠웨이트 유전에서의 원유로 새까맣게
된 바닷새를 중화제로 씻기도 했지.

하아코 사우디아라비아의 상수는 분명히 바다에서 채취하지
요? 취수 지점까지 원유가 오면 안된다는데 왜 중화제를 뿌
리지 않는지 모르겠네요.

주해

신문에서 '중화제'란 말을 함부로 쓰고 있으니 이러한 오해가 생기는 것 같습니다.

특히 화학물질이 대상인 경우에는 '중화'란 산과 염기의 반응을 뜻하는 것으로, 문학적인 뜻은 아닙니다. 그런데 탱커나 유전에서의 원유는 산도 알칼리도 아니므로 중화할 수는 없는 것입니다.

바다로 유출한 원유에 사용되는 약제는 실은 비누와 같은 종류인 '계면활성제'입니다.

원유가 큰 덩어리가 되면 양에 비해 표면적이 작아집니다. 그렇게 되면 좀처럼 자연계에서의 분해반응은 생기기 어려우므로 멀리까지 해류로 운반되어 때로는 해수욕장에까지 폐유 덩어리가 흘러와 사람들을 괴롭힙니다.

그러나 만일 계면활성제의 작용으로 원유를 미립자로 할 수 있다면 표면적이 훨씬 커지므로 태양으로부터의 자외선이나 바닷속에 서식하는 박테리아 등의 활동결과로서 곧 분해하기 시작하여 기름성분은 소실됩니다. 물론 계면활성제는 이러한 생물분해를 저해하는 것이어서는 안되므로, 원래부터 분해하기 쉬운 천연유지 같은 것이 선정됩니다.

그런데 탱커나 유전에서 대규모로 유출한 원유에 대해서는 가령 이러한 계면활성제를 사용한다 해도 분해되어 자연계에 대한 영향을 미치지 않게 하기 위해서는 상당한 시간이 걸립니다.

공해 반대의 '기수'를 자처하는 매스컴이 무엇이든지 '중화'하면 무해가 되는 것 같은 틀린 개념을 선남선녀에게 심어준다면 이쪽이 오히려 문제가 되지 않을까요. 또 한편으로는 여기에 사용되는 중화제가 공해의 원인이 된다는 캠페인을 벌인 논객도 있었습니다.

물론 화학약품이니 환경에 영향을 전혀 미치지 않을 수는 없겠으나, 페르시아 만이나 알래스카의 원유 유출사고로 기름덩어리가 되어 불쌍한 모습을 하고 있는 바닷새들이 다시 날 수 있게 하려면 이러한 계면활성제를 사용하는 것 외에는 다른 방법이 없습니다.

그렇다면 물리적으로 기름을 흡수하면 되지 않는가 하는 의론도 있을 수 있겠으나, 마침 걸프전쟁이 시작될 당시의 뉴질랜드의 신문에 "양을 바다에 집어넣고 벨트콘베이어에 태워 배로 회수하면 유출한 원유를 모아 자원화할 수 있으니 일석이조다"라는 농담 일색인 정치만화가 실려 있었습니다.

석유수입국이고 양의 숫자가 사람의 몇 배가 되는 뉴질랜드라는 나라다운 농담이지만, 걸핏하면 신경질적인 반응을 나타내는 동물애호협회 등의 사람들이 얼마나 화가 났을까 하는 생각도 해 봅니다.

해수의 담수화에는 여러가지 방법이 있습니다만 사우디아라비아 등에서 사용하는 것은 역침투법에 의한 탈염처리법일 것입니다.

그런데 이 역침투에는 특제의 막이 필요한데 이 막은 원래 매우 상하기 쉽습니다. 거기에 계면활성제나 원유의 기름방울이 흘러들면, 그냥인 상태에서도 상하기 쉬운 막이 바로 기능을 발휘하지 못하게 됩니다.

　　그러므로 걸프전쟁 때는 오일펜스를 여러겹으로 쳐서 어떻게든 유출된 원유가 들어오는 일이 없도록 대단한 노력을 다 하였던 것입니다.

5. 플루오르화수소로 투명유리가?

【문 제】

젖빛유리를 플루오르화수소에 노출하면 어떻게 되나.

●오 답

> 표면의 요철이 플루오르화수소에 침식되어 매끄럽게 되므로 투명유리가 된다.

미이코 분명히 유리나 수정도 플루오르화수소에는 녹는다고 배웠는걸.

하아코 그런데 플루오르화수소는 위험한 거지요. 어떤 치과의사는 환자인 아이의 이빨에 발랐다가 쇼크사시킨 일도 있다지요.

모토이 교수 실험해 보면 알 수 있어요. 시간은 좀 걸리지만.

모토이 교수는 장갑을 끼고 슬라이드유리 2장을 집어내고 술잔 정도의 작은 폴리프로필렌의 비커에 짙은 플루오르화수소산을 약간 넣고 위에 슬라이드유리를 덮었습니다.

위에서 큰 폴리스티롤제의 비커를 씌우고, 10분 정도 기다리도록 학생들에게 말했습니다.

갸피코 선생님 왜 장갑을 끼십니까?

모토이 교수 플로오르화수소산이 조금이라도 손에 묻으면 나중에 무척 아픕니다. 밤에 잠을 잘 수 없을 정도로 심하게 아픕니다. 전에 한번 깜짝할 사이에 손끝에 묻혀서 혼난 일이 있지요. 그런 경험은 한번으로 충분하니 말입니다. 여러분들도 경험해 보면 얼마나 아프다는 것을 알겠지만, 아프기 시작하면 이미 늦은 거예요.

마사카 교수 그러니 교실에서 무엇을 하면 안된다느니, 그렇게 하면 위험하다느니 하는 소리를 소홀히 듣다가는 큰일나지요. 조심해야지요.

얼마 있다 시간이 되었습니다. 모토이 교수는 살짝 큰 비커를 잡고 슬라이드 유리 하나만을 끌어내고 다른 하나는 그대로 두었습니다.

갸피코 야아, 굉장한데. 새하얗게 되었는데.

모토이 교수 보세요. 젖빛유리가 되었지요. 다른 하나도 같은 젖빛유리가 된다는 것도 알겠지요.

미이코 물론이지요.

하아코 이제, 어떻게 하실 겁니까?

모토이 교수 그러니 '젖빛유리를 플루오르화수소 증기에 노출'하는 데 더욱 오랜 시간 여기 두어야만 된다는 결론이 나오겠지요?

갸피코 그렇구나, 역시.

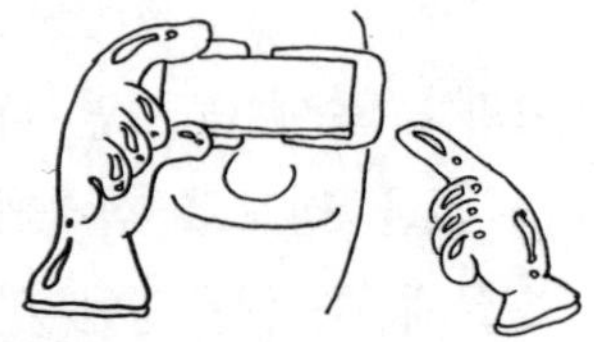

플루오르화수소는 염화수소나 브롬화수소와 마찬가지로 기체이며 물에 녹아서 산이 됩니다. 이 수용액은 '플루오르화수소산'이라고 합니다. 역시 할로겐과 수소의 화합물이 있는데, 염화수소나 브롬화수소와는 매우 다른 성질이 있습니다.

그 중에서도 가장 큰 차이는 유리나 석영과 반응하여 휘발성의 사플루오르화규소나 규소플루오르화수소산(헥사플루오르규산)을 생성하므로 기체도 수용액도 유리용기에는 저장할 수 없게 됩니다.

유리와 플루오르화수소와의 반응은 유리 속의 이산화규소가 휘발성의 사플루오르화규소로 변하는 것이 주된 것이지만 반응이 생기면 계속 사플루오르화규소는 제외되고 원래 매끄럽던 표면은 요철투성이가 됩니다. 물론 이 요철은 작은 것이지만 가시광선을 산란시켜 투과광을 줄입니다. 이것이 '젖빛유리'입니다.

젖빛유리 표면의 요철은 플루오르화수소와는 반응하기 어려운 부분이 남아서 생기는 것입니다. 그러므로 플루오르화수소에 노출되는 시간이 길어진다 해도 요철이 없어질 리는 없습니다.

20분이 더 경과하였습니다. 두번째 슬라이드 유리를 모토이 교수가 끄집어내기에 첫번째 것과 비교해 보았습니다.

미이코 역시 젖빛상태대로군요.
하아코 먼저 것보다 더욱 젖빛상태가 진해진 것 같은데요.

플루오르화수소산은 17세기 말경에 독일의 뉘른베르크에서 장식용 유리기구의 표면을 매끄럽게 끝마무리하기 위한 비밀의 약품으로서 사용되기 시작하였습니다. 물론 그때는 지금과 같은 순수한 것이 아니었고, 형석(플루오르화칼슘)을 묽은 황산에 녹인 것이었습니다.

플루오르화수소산을 사용하면 유리 표면이 침식되어 사플루오르화규소나 헥사플루오르규산이 생기는 동시에 기타 원소의 플루오르화물로 생성되나 이것들의 대부분은 물에 용해되므로 표면에서 제거되어 결과적으로는 요철이 평균화되어 매끄럽게 되는 것입니다.

지금은 플라스틱제의 시약병이나 비커 등이 염가로 사용될 수 있으나, 지금으로부터 300년 전이나 되는 옛날에 플루오르화수소산에 침식되지 않는 기구를 찾아낸다는 것은 대단한 일이었다고 여겨집니다.

제 2 차대전 직후까지 플루오르화수소산의 용기는 구타페르카(gutta-percha)라는 남태평양산의 수지로 만들어졌습니다. 이것은 천연고무와 같이 이소프렌의 중합체인데 결합양식이 다르기 때문에 탄력성은 거의 없고, 일정한 형태로 정형된 용기로 사용하기에는 고무보다 오히려 적합합니다. 실험기구에 백금이 사용되기까지는 플루오르화수소산을 사용한다는 것은 매우 어려운 일이었습니다.

아까 말한 '플루오르화수소가스로 젖빛유리가 투명하게 된다'는 것은 '플루오르화수소산 내에서 연마하면'이라고 한다면 올바른 해답이 됩니다. 기체와 용액과는 작용이 크게 달라지는 것입니다.

실은 수년 전에 우리 대학의 입학시험문제에 이것이 출제된 일이 있습니다. 다음 해 서점에 나온 모범해답집을 보니, 놀랍게도 거의가 "투명하게 된다"고 되어 있었습니다. 출제한 선생님들의 놀라움은 대단하였던 모양입니다.

다시 말해 학원 등에서 높은 월급을 받고 있는 '입시전문의 대가'는 거의가 이러한 기본적인 시험조차 해 본 일이 없으므로 틀린 지식을 암기시키고 있는 것입니다. 소위 '입시전문 대가'들의 빈약한 실력이 노출된 셈입니다.

일본의 화학교육계의 태두(泰斗)라고 일컬어지는 세계적으로도 유명한 선생이 감수한 교육용 소프트웨어에도 똑같은 잘못이 있었습니다. 이것에 의하면 젖빛유리에 밀납을 바르고 글씨를 철필로 쓰고 플루오르화수소가스에 노출시키면 글씨 부분만 투명하게 된다는 터무니없는 말이 사실인 것처럼 컴퓨터 그래픽으로서 화면에 나옵니다.

사정을 잘 아는 사람들의 말에 의하면, 어쩐지 실험을 싫어하는 여자 학생들만을 모여 놓고 프로그래밍만을 시킨 결과라고도 합니다.

실험이 싫으면 내용을 음미하는 것도 근본적으로 무리이므로 어디에선가 주워모은 잘못된 자료를 충실하게 카피했을 것

입니다. 이따위 교육용 소프트웨어로 교육받고 있는 학생들만
불쌍할 뿐입니다.

　끝까지 이 잘못의 원천인 자료를 규명하여야만 하겠는데 아
직 탐색 중에 있습니다.

6. 스테인리스도 귀금속인가?

【문 제】
귀금속이란 화학적으로는 어떠한 것을 말하는가.

● 오 답——①

> 금이나 백금과 같이 산에 침식당하지 않는 것이 귀금속 인데, 예를 들면 스테인리스나 알루마이트(alumite) 등이 있다.

● 오 답——②

> 가장 고가(高價)인 금속이므로 '귀(貴)'금속인 것이다.

갸피코 그렇지만, 알루미늄이나 철을 싸니까 쓰고 버리지만 금 같은 것은 1그램에 12640원 정도는 하지요.

미이코 오늘 아침 신문에는 12600원이라 나와 있던걸.

하아코 그러니 싼 금속이 '비(卑)'금속이고 비싼 것이 '귀'금속 이라 생각하면 되겠구나.

갸피코 그러나 문제는 화학문제로 출제되었으니 값의 관한 것 은 아닐 것이야. 만드는 데 시간과 수고가 드는 것일까?

미이코 금이나 백금보다 비싼 금속이란 무엇일까?

하아코 언젠가 불법 우라늄을 미국 대사관에 갖고간 일당이 있었지요. 그래도 우라늄은 금보다 훨씬 싸다고 하던데, 사실입니까?

마사카 교수 그래요. 일본의 약품 메이커의 목록에는 가격이 게재되어 있지 않으니, 생선횟집의 뱀장어나 새우가 '시가(時價)'라고 적혀 있는 것같이 매우 비싼 것으로 생각하고 있는 것 같군.

갸피코 왜 가격이 게재되지 않을까요?

마사카 교수 아마도 법률로서 원자력연료와 방사성물질 같은 것은 판매, 사용이 규제되어 있기 때문일꺼야. 몇 톤이 있으면 몰라도 몇 그램이라면 규제해 봤자 무의미하지만 말이다.

　우에노(上野)의 과학박물관에서조차 원소의 실물을 진열한 주기율표가 있는데, 그러한 규제 때문에 우라늄과 토륨의 자리는 비어 있으니 말이야. 미국의 약품회사라면 가격이 달러로 기재되어 있으니 비교하면 알 수는 있지.

　화학적으로 금속을 '귀금속'과 '비금속'으로 분류하는 것은 산화용이성—역으로 금속화의 용이성—에 따르는 구분입니다.

그러므로 항간에서 보통 '귀금속'으로서 통용되는 비교적 고가인 금이나 백금 등은 이런 뜻으로도 훌륭한 귀금속이지만 단순히 값으로만 비교한다면 금보다 훨씬 비싼 금속은 몇 십 종류나 있습니다.

비금속은 역으로 이온화하기 쉬운, 혹은 녹슬기 쉬운 금속류라고 말할 수 있습니다. 철이나 알루미늄 등을 비롯하여 우리 주변에 있는 값싼 금속의 대부분은 비금속입니다.

이온화하기 쉽다는 즉 반응활성이 크다는 것은 대부분의 금속원소에 공통되는 성질이나, 너무나 활성이 크면 산소나 수증기가 충만된 공기 중 혹은 물 속 등에서 이미 금속의 형태보다는 이온으로서 화합물을 형성하는 것이 안전하게 됩니다. 이때문에 금속을 단리하는 방법이 어려워 라듐같이 금보다도 고가인 경우조차 있습니다.

그런데 '이온화하기 쉽다'는 것은 실은 상대적인 것입니다.

지붕으로 쓰이는 토탄(아연도금철판)과 석유통이나 통조림통 같은 주석도금철판은 모두 녹슬기 쉬운 철 표면에 다른 금속의 얇은 막을 입혀 내부를 보호하고 있지만, 산화하기 쉬운 면에서는 아연이 가장 산화하기 쉽고 다음에 철 그리고 주석의 순서가 됩니다.

다시 말하면 철은 아연보다는 '귀'한 금속이지만 주석보다는 '비'한 금속이 되는 셈입니다. 금이나 백금 등은 거의 모든 금속보다는 훨씬 이온화하기 어려우므로 '귀'한 금속의 우두머리격을 차지하는 거지요.

한편 '비'한 금속 쪽은 너무나 쉽게 이온화하므로 통상은 금속의 형태로 산출되는 일도 없고, 화합물의 형태 즉 이온으로서 생긴 염류 쪽이 더 친숙할 정도입니다.

나트륨이나 리튬 등의 알칼리금속원소 등은 그러한 금속 자체를 본 일이 있는 사람이 훨씬 적을 터이지만, 그 염인 염화나트륨(식염) 등은 매우 친숙할 터이고, 염화리튬도 의약품으로서 처방되므로 비교적 잘 알려져 있습니다.

스테인리스나 알루마이트가 철 자체나 알루미늄 자체보다 반응성이 덜하고 녹슬거나 구멍이 뚫리거나 하는 일이 없는 것은 금속 자체의 성질이 변했기 때문인 것은 아닌 것입니다.

이것은 어느 경우나 표면에 튼튼한 피막이 형성되었기 때문에 공기 중의 산소 혹은 수분과의 반응이 극도로 지연되기 때문입니다. 이러한 상태를 '부동태(不動態)'라고 합니다. 영어로는 passive state라고 합니다.

스테인리스—통상 철에 크롬과 니켈을 혼합한 합금강을 말하지만—나 알루마이트는 지금 말한 부동태의 특성을 이용한 것으로서, 금속 자체가 '귀'하게 된 것은 아닙니다. 그러므로 약간만 조건을 변화시키면 금속이 이온화하여 녹이 슬게 됩니다.

물론, 보통 가정에서의 부엌이나 욕실이라면 지나치게 강한 산이나 강알칼리 등은 존재하지 않으므로, 이 부동태가 변화하는 경우는 절대로 없을 것입니다. 그러나 대학이나 연구소의 실험실에서는 설계의 잘못으로 보통의 스테인리스를 사용하여 녹이 슬어서 사용할 수 없게 되는 경우가 종종 있다고 합니다.

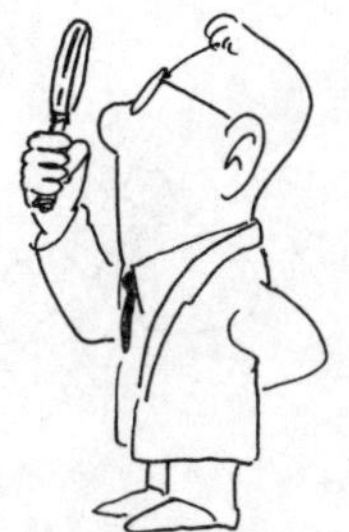

7. 식염은 유독한가?

【문 제】

식염의 과다섭취는 건강에 좋지 않다고 한다. 왜 그럴까.

●오 답

> 식염은 독가스에 사용되었던 염소와 물에 넣으면 불을 분출하는 나트륨으로 되어 있으니 몸에는 해롭다.

갸피코 나는 어쩐지 이 해답은 좀 이상하다고 여겼는데도 부
하 선배님이 말입니다, 절대 이것이 옳다고 보증해 주었기에
…….

미이코 그래도 염소란 원소는 독가스라잖아요.

하아코 나트륨에는 물을 가까이 하면 위험하다는 것은 마사카
교수님의 강의에서도 들었잖아. 그러니 실험에 쓴 찌꺼기는
싱크에 흘려 버려서는 안된다고.

주해

이것은 '원소'와 '단체'의 차이를 확실하게 모르고 있는 데서 생긴 오해입니다.

그러나 곤란한 것은 이러한 식으로 쓰고 있는 일반인용의 책이 있으며, 자칫하면 활자화된 것은 그대로 믿고자 하는 경향이 있는 사람들을 유혹하고 있는 겁니다. 이점에 대해 여러 방면의 교수님들에게 여쭈어 보았다가, "그거야 덮어놓고 믿는 쪽의 불찰이지" 하는 매우 냉정한 말씀만 듣게 되었습니다.

화학은 여러 가지 물질, 다시 말해 원소와 그 화합물 그리고 물질 사이의 변화를 다루는 학문이지만, 화학에서는 단일 원소만으로 이루어져 있는 물질을 단체(單體)라고 합니다. 원소에 따라서는 몇 종류나 되는 단체가 존재할 수도 있는데 이러한 것을 '동소체'라고 부릅니다.

영어에서는 단체와 원소를 둘다 'element'라는 같은 단어로 표현하는 것이 통상인데, 그러므로 화학을 모르는 번역자가 번역한 책에는 위에서 말한 바와 같은 오류가 자주 있습니다.

원소는 지금 말한 단체 이외에 여러 가지 화합물이나 이온 등의 다양한 화학형(化學形)을 갖춘 일체를 포괄하여 사용하는 말인 것입니다.

그러므로 단체의 염소(Cl_2)는 분명히 독가스로서 사용된 일이 있는 녹색의 기체이며, 단체의 나트륨 즉 금속나트륨은 물 속에 넣으면 수소를 발생하여 불을 분출합니다.

그러나 염소이온이나 기타 원소, 예를 들면 탄소나 규소 등과 결합한 형태의 염소는 이미 독가스도 아니거니와 녹색의 기체도 아닙니다. 나트륨이온이나 염소이온(염화물이온)은 인간만이 아니라 생물이 살아가는 데 있어 불가피한 것입니다.

식염의 과잉섭취가 나쁘다는 것은 성인병이 문제가 되면서부터 순환기의 전문의 되시는 분들이 열심히 주장하기에 이르렀습니다. 이것은 넓은 일본을 지방별로 보면 고혈압증이 많은 것과 그 지방에서의 식염의 섭취량과의 사이에는 뚜렷한 상관관계가 있어, 음식물에 함유되는 염분이 적으면 혈압이 낮아지는데 반해, 대량으로 식염을 섭취하는 지방에서는 고혈압 환자가 다수 출현하는 것을 알게 되었기 때문입니다.

의당 이러한 경우에는 식염 그 자체보다 나트륨, 즉 식품 중의 나트륨이온이 문제가 되는 것입니다.

그러나 이 '염분의 섭취량'도 어느 정도가 최적인지는 개인차나 환경에 따라 다르므로 간단히 결정할 수는 없습니다. 냉방 완비된 사무실에서 사무일만을 하는 화이트칼라들과 염천하에서, 논밭에서 작업하는 사람들과는 땀의 절대량이 엄청나게 다른 것입니다.

땀에는 상당량의 염분이 함유되어 있으므로 식사로 그만큼 보충하여야 합니다. 그러므로 육체노동을 하는 사람의 식염요구량은 유연한 사무실 근무의 사람보다 몇 배나 될 것입니다.

절에서 수도 중인 승려 중에는 몇 년이나 소금을 먹지 않은 이도 있었다는 옛말이 있으나 어느 식품 속에도 나트륨 성분은 미량이나마 함유되어 있으므로 과격한 노동을 하지 않고 좌선만을 하고 있었다면 일상식품 속의 나트륨만으로도 신체가 필요로 하는 양은 그런대로 충족할 수 있습니다.

현대는 여러 가지 분야에서 기계화가 진행되어 옛날에 비하면 과격한 노동을 강요당하는 사람의 수는 줄었습니다. 그러므로 스포츠맨이 아니라면 섭취량을 더욱 줄어도 좋지마는, 어릴 때에 맛들인 미각이란 일생 동안을 지배하므로 아무래도 옛날 맛을 잊을 수 없어 염분의 과잉섭취가 되기 쉽습니다.

그러므로 '감염식품'이 널리 팔리게 되면서 나트륨분을 칼륨으로 치환한 '대용염'까지 출현하였으나, 원래 생물이 생존하기 위해서는 나트륨이온과 칼륨이온은 필요불가결한 것입니다. 만일 금속나트륨 같은 것을 공여하였다 해도 전혀 쓸모없을 뿐 아니라, 도리어 화상을 입거나 조직이 침해되는 것이 고작일 것입니다.

체내에서의 나트륨이온과 칼륨이온의 균형은 생명의 유지를 위해 중요한 작용을 하고 있으므로, 언젠가의 대학병원에서의 안락사 사건같이 대량의 염화칼륨을 정맥주사하면 이 균형이 무너져 심장이 정지하게 되는 것입니다.

8. 금속나트륨을 저장하려면?

【문 제】

나트륨의 금속은 물이나 산소와 격렬하게 반응한다. 그렇다면 어떻게 저장하면 좋을까.

● 오 답

> 무수 알코올 속에 저장하면 된다.

갸피코 '무수알코올'이라면 물을 함유하고 있지 않으니 반응이 생기지 않은 것 아냐.

미이코 · 하아코 글쎄 말이다

주해

이것은 매우 중대한 잘못인데 암기식 공부 때문에 정말 이렇게 생각하고 있는 사람도 적지 않은 것 같습니다.

물과 나트륨의 반응은 다음과 같은 화학반응식으로 쓸 수 있는데, 나트륨이 이온이 되고 물에서 수산화물이온과 수소가 발생한다는 것을 알 수 있습니다.

$$2Na_{(s)} + 2H_2O_{(l)} \longrightarrow 2Na^+_{(aq)} + 2OH^-_{(aq)} + H_{2(g)}$$

(S), (l), (q)는 각각 고체, 액체, 기체란 것을 뜻하고 (aq)는 수용액으로 되어 있다는 것을 나타내고 있습니다.

물분자와 알코올(에탄올) 분자의 형태를 비교해 봅시다.

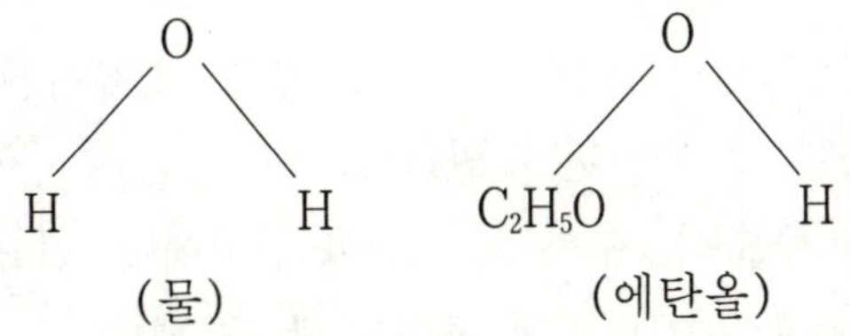

(물)　　　　　(에탄올)

물의 경우는 O-H 결합이 절단되어 수소와 수산화물이온이 되나 에탄올의 경우도 같은 O-H 결합이 있으므로 금속나트륨과 반응하면 같은 수소가 발생하고 나머지는 에톡사이드이온($C_2H_5O^-$)이 됩니다.

이렇게 에탄올과도 반응하므로 그 속에 금속나트륨을 저장할 수는 없습니다.

$$2Na_{(s)} + 2C_2H_5OH_{(l)}$$
$$2Na^+_{(에탄올)} + 2C_2H_5O^-_{(에탄올)} + H_{2(g)}$$

나트륨이나 칼륨 등의 반응활성이 큰 금속원소의 단체는 보통은 석유에테르나 리그로인, 즉 파라핀계 액체의 탄화수소 중에 저장합니다. 이러한 분자는 OH 원자단을 전혀 함유하고 있지 않으므로 안전합니다.

또한 물과 나트륨의 반응에 비하면 에탄올과 나트륨의 반응은 훨씬 온화합니다. 그러므로 실험에 사용한 금속나트륨의 찌꺼기를 폐기하려면 에탄올과 반응시킨 다음에 하도록 되어 있습니다.

실은 이 문제는 몇 년 전의 약제사 국가시험의 문제에 ○ × 문제의 형태로 출제된 일이 있습니다.

그런데 결과는 매우 나빴고 대부분의 수험생이 "'무수에탄올 속에 보존한다'는 기술은 옳다"고 대답하였다 합니다. 기대가 어긋나겠으나 그렇다치더라도 기초사항을 소홀하게 다루었다는 것을 노출한 결과가 된 것입니다.

화학식이나 구조식, 분자구조 등이 강의에서 필요 이상으로 나오는 것이 화학을 재미없게 한다고 생각합니다.

갸피코 등 세 아가씨에게서 볼 수 있듯이 암기식 공부방법의 약점이 이런 데서 나타난 것이라고도 할 수 있지요.

구조식을 써보면 매우 비슷한 원자단은 매우 비슷한 반응을 한다는 것을 바로 알 수 있습니다. 이런 사실을 그녀들도 잘 알 수 있도록 문장으로 쓴다면 제 아무리 암기력이 뛰어나도 대단한 양이 될 것이므로 도리어 불편합니다.

9. 성냥 머리부분에 인이 있는가?

【문 제】
보통의 성냥 머리부분에는 어떤·화학물질이 붙어 있는가.

● 오 답

> 옛날에는 성냥을 '燐寸'이라 썼으므로 당연히 인이 붙어 있다.

갸피코   그런데 인은 불이 붙기 쉽잖아요?

미이코   젖으면 불이 붙지 않는 것은 인이 흘러버리기 때문이라고 들었는데….

하아코   불어서 불을 끄면 이상한 냄새가 나는데, 그것도 인 때문일까?

갸피코   야, 너는 성냥을 그을 수 있니? 나는 무서워서 못하는데.

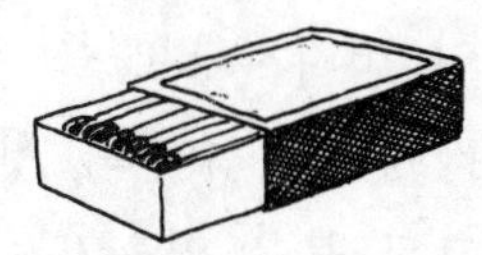

지금의 보통성냥은 '안전성냥'이라는 것으로 통 측면에 적자색의 부분이 있는데 여기에 적인과 유리가루—마찰을 증대시키기 위한—를 혼합한 것을 아교나 합성수지로 반죽하여 발라 있습니다. 이것을 '측약(側藥)'이라 합니다. 측약에는 황화안티몬을 가한 것도 있습니다.

성냥개비의 머리부분에 발라 있는 것은 '두약(頭藥)'이라 하는데 보통은 산화제로서의 염소산칼륨, 가연제로서는 황이 사용되고 있습니다. 다시 말해 두약에는 인이 전혀 들어 있지 않는 것입니다.

젖은 성냥이 불이 붙지 않는 것은 이 산화제로서 두약에 배합되어 있는 염소산칼륨이 녹아흘러나 버리는 것과, 두약을 뭉쳐 놓고 있는 호료(糊料 ; 폴리비닐알코올계의 접착제나 녹말풀)가 수분을 흡수하여 물렁해지면 마찰효과가 떨어지는 것의 두 가지 원인 때문입니다.

그 옛날 분명히 '燐寸'이라는 글씨로서 적은 바 있는 최초의 성냥은 황인성냥으로, 쉽게 어디에나 문지르기만 하면 불이 켜지므로 편리했지요.

성냥이 발명되기까지는 불의 관리는 제법 큰일이었으며, 등불이 꺼지지 않도록 혹은 화롯불을 꺼지지 않도록 하는 것은 가정에서의 주부의 첫째가는 일이었습니다. 그러나 성냥의 발명으로 불을 일으키는 일은 부싯돌—근대에는 돌과 부시를 부딪치는 것으로 되어 있어, 옛날처럼 돌끼리로 불을 일으키는 것보다 훨씬 쉬어졌으나—보다는 각별하게 편하게 되었습니다.

구태여 '燐寸'이란 한자로 성냥을 나타낸 것도, 두약으로 인 (황인)이 묻어 있는 길이 한 치(寸 ; 1寸은 30mm) 정도의 것 이라는 뜻을 재치 있게 표현한 것입니다.

그러나 황인은 맹독으로 제조공장의 종업원이 중독현상을 나타내거나 화재가 발생하기 쉬운 점 등 제조작업상으로도 위 험성이 많았습니다.

그 위에다 '성냥의 스프'가 독살에 애용되기도 하여, 현재는 황인성냥을 제조하고 있는 데는 없습니다.

두약에 인이 화합물로서 삼황화사인(P_4S_3)을 사용하고 있는 성냥은 등산용 등 기타의 특수용도에 사용하기 위해 지금도 생산 되고 있습니다. 이 삼황화사인을 사용한 성냥은 '황화인성냥'이라 고 불리는 것인데, 제법 역사가 오래되어서 19세기 초에는 이미 생산·판매되고 있었습니다.

유명한 안데르센의 『성냥팔이 소녀』는 초판이 1835년경에 간행되었는데, 이때 낱개로 팔렸던 것은 안전성냥이 아니고 지 금의 황화인의 성냥인 것으로 보입니다.

성냥의 생산은 전통적으로 스웨덴이 주력해 왔으며, 현재도 상당한 세계시장점유율을 차지하고 있으나, 부탄가스를 이용한 라이타가 많이 보급되어 전망은 밝지 않은 것 같습니다.

그런데 "성냥 갖고 불장난하면 안돼요!"라는 엄마들의 가르 침이 얼마나 지나쳤던지, 담배를 즐기나 성냥을 켜지 못하는 아가씨들이 격증하여 다른 뜻으로서 '불장난' 쪽이 문제가 되는 지 모르겠습니다.

전혀 들은 바에 의하면, 이미 젊은 엄마들도 태반이 성냥을 쓸 줄 모른다 ― 자동점화 가스렌지가 보급되어 있어서 ― 는 이야기입니다.

가정학부 등에서는 조리실습을 할 때 렌지에 불을 붙이지 못하는 여자대학생이 해마다 늘어나, 지도하는 선생님들의 고충이 이만저만 아니라는 것입니다.

인과 귀신불

대부분의 책에는 귀신불은 묘지에서 인체에 함유된 인이 타는 것이 원인이라고 설명되어 있습니다. 그렇지만 실제로 인이 타는 것과 귀신불 자체의 양쪽을 제대로 보신 분은 그리 많지 않을 것입니다.

이 오해는 원래 한자의 '燐'이란 문자가 귀신불을 뜻하기 때문에 생긴 것이라고 여겨집니다. 공기 중에서 타는 인은 이른바 황인(순수하지 않은 백인)인데, 이것을 생성하는 것은 매우 어려워 도저히 자연계에서 생물체로부터 생긴다고는 생각할 수 없습니다.

생체 내의 인은 모두 인산염 혹은 인산에스테르의 형태로 존재합니다. 뼈나 이빨 속에는 인산칼슘(인회석)의 형태로서, DNA나 ATP 중에는 인산에스테르로 존재합니다.

이 인산화합물을 단체(單體)의 인으로까지 환원한다는 것은 대단히 어려운 일로서 자연계의 비교적 온화한 조건에서는 도저히 실현 불가능합니다. 만일 이 인산화합물을 귀신불의 원인이라고 한다면 역시 이상한 일이 되는 것입니다.

예를 들면 계분은 인산분을 비교적 다량으로 함유하는 유기비료의 대표적인 것인데, 닭장에서 귀신불이 발생한다고 이상할 것은 없을 것입니다.

천연자연에 인이 단체 상태로까지 용이하게 환원된다면 인간이 단체의 인을 단리하기까지는 몇 천년이나 걸릴 까닭이 없습니다.

인은 발견자와 발견년도가 확실하게 판명되어 있는 원소 중에서 가장 고참 원소입니다. 독일 함부르크의 브란트라는 연금술사가 사람의 오줌을 탄소와 함께 레토르트(retort)에서 건류하여 얻은 기체를 물 속으로 유도하면 굳어지고, 공기 중에 방출하면 이상한 청백색의 불꽃을 내면서 연소하여 흰 가루가 되는 것을 발견하고, 이것에 '새벽의 명성'을 뜻하는 그리스어에서 'phosphor'라고 이름을 붙인 것이 1660년경의 일이었습니다.

자칫하면 '현자의 돌'일지도 모른다고 여겨, 브란트는 엄중히 제법을 비밀로 하였음에도 어느 사이에 전 유럽에 이 소식이 퍼졌던 것입니다.

얼마 있다가 예수회 신부들의 손으로 명·청 시대의 중국에 화학이 수입될 때, 원소명의 번역명에 이 '燐'이란 문자를 적용한 사람은 누구인지는 알 수 없으나 앞서 말한 오해는 이것 때문인 것입니다.

소위 귀신불은 와세다 대학의 오쓰키(大槻義彦) 교수의 최근의 연구대상이 되고 있는데, 대체로 '구전(球電)'이라 불리는 물리적 현상에 속하는 것 같은데, 이제까지의 묘지나 유령이야기와는 직접 관련시키기는 어려운 듯합니다.

구전의 불은 어쩐지 붉은 계열의 것이 많은데, 무대나 귀신이야기에서의 도깨비불이나 귀신불은 이른바 '소주화(燒酒火)', 다시 말해서 에틸알코올이 연소할 때의 청백색 불꽃을 이용하고 있습니다.

화학적으로 생각하면 이러한 청백색 불꽃을 내는 것은 메탄이나 프로판과 같은 포화탄화수소가 연소할 때 생깁니다.

옛날에는 시체를 땅 속에 파묻는 장례가 많았으므로 묘지의 흙 속에서 시체가 혐기성 분해를 한 결과, 메탄가스가 발생하는 것은 지금보다 훨씬 많았을 것입니다. 이 메탄가스는 공기보다 가벼우며 매우 인화성이 강해서 꽤 멀리에 불씨가 있어도 착화합니다.

옛날 노인들은 흔히 "불단에서 묘지 쪽으로 쑥 푸른 불이 뻗어 갔다"라는 목격담을 여러 번 들려 주었는데, 조금이라도 높은 곳에 있는 불씨가 지역적인 공기 중의 역전층에 괴어 있던 메탄가스에 착화하면 바로 그러한 현상이 생기게 마련입니다.

이와나미 신서(岩波新書)에 『불의 이야기』를 쓰신 구마가이(態谷俊一郎) 선생이 직접 실험한 바에 의하면 바로 이 메탄의 불꽃이 이른바 귀신불의 인상과 꼭 같았다고 합니다.

10. 산성지 문제는 왜 생기는가?

【문 제】

산성지는 어떤 화학반응이 원인이라고 생각되는가.

● 오 답

> 명반이 가수분해하여 황산이 발생하기 때문이다.

갸피코 호오류지의 무슨 탑 속에는 오래된 종이가 있지요.

미이코 언젠가 박물관에서 보았는데 별로 심하게는 상해 있지
않았던데.

하아코 그렇게 오래된 신문은 금방 색이 변하고 힘없이 부서
지는걸.

주해

 우리는 화재가 나지 않는 한, 종이는 호오류지(法隆寺 ; 일본
奈良현에 있는 세계에서 가장 오래된 목조건물이라 일컬어짐)

의 백만탑다라니(百万塔陀羅尼)같이 반영구적으로 보존할 수 있다고 생각합니다. 그러나 이것은 옛날식 제법으로 만든 한지에 한합니다.

메이지 이후 활발해진 쇄목펄프를 원료로 한 양지는 잉크가 잘 먹히기 위해 사이징제로서 보통 알루미늄염을 사용합니다. 보통은 염가이므로 황산알루미늄이나 명반이 사용됩니다.

이러한 알루미늄염은 수용액 중에서 pH가 상승하면 소위 '가수분해'로 수산화알루미늄 혹은 염기성 황산알루미늄의 형태가 되어, 이것이 펄프의 셀룰로오스와 결합하여 본체를 견고하게 하고 색소 등이 결합하기 쉽게 합니다. 직물을 염색할 경우의 매염제와 같은 역할을 합니다.

그런데 오랜 시간이 경과하면 이 수산화알루미늄이 셀룰로오스 본체의 수산기와 반응하여 탈수축합반응을 일으켜 그 결과 수소이온이 떨어져나가게 됩니다.

이 유리된 수소이온을 포착하는 것이 없으면 매우 강력한 산이 생기게 됩니다. 그리고 얼마 안 있어 셀룰로오스 본체를 분해하고 종이가 너덜너덜해지는 결과가 됩니다. 이것이 이른바 '산성지문제'의 화학적 내용입니다.

황산이온은 수소이온과는 사이가 나쁩니다. 그러므로 황산을 물에 녹이면 완전히 해리가 생기지만, 지금의 경우에도 미량으로 남아 있던 황산이온은 전혀 수소이온을 잡아 주지 않습니다.

황산알루미늄 대신에 아세트산알루미늄을 사용하면 아세트산의 이온은 수소이온과 결합하기 쉬우므로 (즉 약산이므로) 이런 문제는 생기지 않습니다. 이것이 '중성지'인데, 황산알루미늄보다 아세트산알루미늄 쪽이 훨씬 비싸므로 아무래도 중성지는 고가입니다.

동양화 등을 그릴 경우에는 '반수(礬水)' 처리를 하여 채료가 번지는 것을 막고 있는데, 이때 사용하는 것은 명반을 아교의 수용액에 녹인 것입니다.

아교는 원래 동물성 단백질로 되어 있으므로 분자 내에 다수의 아미노기나 카르복시기를 함유하고 있으므로 장시간 경과한 후에 셀룰로오스와 명반 중의 알루미늄과의 반응이 일어나도 생긴 수소이온을 잡아 주는 것입니다.

이렇게 산성지의 원인은 '탈수반응을 수반하는 착체 형성'에 불과한 것이지만, 어찌된 영문인지 '가수분해'라는 정반대의 잘못된 해석을 밀어붙이는 커다란 권위가 있는 듯합니다. 이러다간 대책을 세울 때에도 몹시 차질이 생기게 될 것입니다.

수산화알루미늄[$Al(OH)_3$]과 탄소에 결합한 수산기의 반응은 느리지만 같은 구조를 하고 있는 붕산—H_3BO_3. 지금의 경우라면 차라리 $B(OH)_3$라고 쓰는 것이 좋으련만—은 중성의 수용액에 글리세린이나 만토올 등의 다가(多價)의 알코올을 가하는 것만으로 착체 형성을 일으켜 수소이온을 방출합니다. 이것을 이용하여 붕산의 정량분석도 가능합니다.

$$
2 \begin{array}{c} | \\ CHOH \\ | \\ CHOH \\ | \end{array}
+ M(OH)_3 \rightarrow
\begin{array}{c} | \\ CH-O \\ | \\ CH-O \end{array}
\begin{array}{c} \diagdown \\ M \\ \diagup \end{array}
\begin{array}{c} O-CH \\ | \\ O-CH \\ | \end{array}
+ 3H_2O + H^+
$$

(M＝B, Al)

이것이 산으로서 작용한다

64

신문기사 등에 흔히 "명반이 가수분해하여 황산을 생성하므로 종이가 산성화한다"고 설명하고, 다음과 같은 화학방정식을 사실인 것같이 게재하고 있습니다. 명반을 물에 녹이면 산성으로 되는 것은 다음과 같은 반응이 생기기 때문이라고 합니다.

$$K_2SO_4 \cdot Al_2(SO_4)_3 + 3H_2O \longrightarrow$$
$$K_2SO_4 + 2Al(OH)_3 + 3H_2SO_4$$

이 식은 흔히 '가수분해방정식'으로 불리고 있으나, 지금으로부터 40년 정도의 과거 중학교 화학교과서에 보라는 듯이 다루었던 항목이었습니다. 그런데 이것은 현대의 시각으로는 완전히 틀린 것입니다.

알루미늄염의 수용액이 산성으로 되는 것은 앞쪽의 식같이 물에 용해되었을 때 황산이 생기기 때문이 아니라 수화한 알루미늄이온 자체가 산으로서 작용하기 때문입니다.

$$[Al(OH_2)_6]^{3+}{}_{(aq)} \longrightarrow [Al(OH_2)_5OH]^{2+}{}_{(aq)} + H^+{}_{(aq)}$$

다가인 양이온의 경우에는 이런 배위를 한 물분자의 해리가 생기는 것은 당연지사이며, 물분자만이 배위한 이온을 형성하는 것이 매우 어려운 경우도 있습니다.

이 배위수의 산으로서의 해리는 '오레이션(올화)'이라 불리기도 하나, 이 올은 수산기 즉 알코올이나 페놀 등에서의 OH 원자단과 같은 것이라는 뜻입니다.

pH를 크게 하면 올화가 더욱 진행하여 중성분자가 되고 불용성이면 침전하게 됩니다. 단순히 물에 염류를 용해시키는 것만으로는 염기와 산으로 분리되는 일은 없습니다.

11. 동위원소는 위험한 것인가?

【문 제】

동위원소란 어떤 것인지 설명하라.

● 오 답

> 방사능을 갖는 위험한 원소를 동위원소라고 한다.

갸피코　선생님, 지난번에 퇴원하는 친구를 마중하러 대학병원에 갔다가 「동위원소 치료실」이란 곳을 보았는데, 강의에서도 본 일이 있는 그 위험 마크가 있었습니다.

미이코　며칠 전 신문에는 "우라늄과 파괴되어 생기는 동위원소 같은 것으로 암이 치료될 수가 있는가"라는 투서도 있었는데요.

하아코　"귀중한 동위원소가 도난되었다"는 신문기사도 있지 않았어요. 잘못하여 손으로 만지기라도 하면 백혈병에 걸린다고도 쓰여 있었는데…. 브라질인가 어디에서 그런 사건이 있었다던가.

주해

어쩐지 이것은 신문기사 특유의 단축표현에 원인이 있는 것 같습니다. 동위원소(isotope)란 원래 영국의 소디(Frederick Soddy)가 그리스어에서 만든 말입니다.

퀴리 부부의 폴로늄과 라듐의 발견으로 자극되어 금세기가 되자 방사능에 의존하여 여러 가지 원소의 탐구가 이루어지게 되니 주기율표의 동일 장소에 여러 개의 상이한 원소를 채우지 않으면 안되게 되었습니다.

예를 들면 토륨 광석에서 발견된 메소토륨은 라듐과 같은 장소에 들어갈 것이지만 방사능상으로는 전혀 별개의 성질을 나타낸다는 것이 확인되었던 것입니다.

소디는 그러므로 그리스어의 iso(같은)와 topos(장소)에서 isotope(아이소토프)라는 단어를 만들었습니다. 즉 '같은 장소를 점하는 원소'라는 뜻을 갖고 있습니다. 이때가 1913년이었습니다.

이때는 분명히 아이소토프는 방사성을 갖고 있는 것만이었습니다. 번역어도 오랫동안 '동위원소'였습니다.

얼마 후에 아스튼이나 니어에 의해 질량분광계가 제작되었습니다. 이것으로 희유기체인 네온의 스펙트럼을 관측하였더니 놀랍게도 방사성을 전혀 갖고 있지 않는 네온에도 질량이 상이한 2종류의 것이 있다는 것이 판명되었습니다.

이어서 원자핵의 연구가 진정되면서 번역어인 '동위원소'로는 여러가지 불합리한 일도 생기므로 '동위체'로 고쳤습니다. 현재의 아이소토프의 번역어는 '동위체'를 사용합니다.

즉 원자핵 중에 같은 수의 양자를 함유하고 중성자의 수가 상이한 원자를 가리켜 '아이소토프', 즉 '동위체'라고 하게 되었습니다.

동위체에는 지금 말한 네온의 경우같이 안전하고 방사선을 방출하지 않는 것과 우라늄이나 라듐의 기타원소의 경우같이 불안전하고 방사능을 갖는 것이 있습니다.

전자를 '안전동위체(stableisotope)', 후자를 '방사성동위체(radioisotope)'라고 하는데, 신문 기타의 매스컴에서는 주로 후자가 등장합니다.

한글로 쓰면 '라디오 아이소토프'라고 길어지니 라디오를 빼고 '아이소토프'라고 쓰는 경우가 많으므로 '오답'같이 여겨질지 모르나, 실제로는 안전동위체도 매스컴에는 별로 다루어지지 않으나, 매우 유용하게 인간을 위해 쓰입니다.

그러나 가이거카운터나 신티레이션카운터에 비하면 안전동위체의 검출이나 정량에 쓰이는 질량분광계(mass spectrometer)는 너무나 고가이므로, 이것을 사용한 연구가 별로 매스컴의 각광을 받는 일이 없는 것입니다.

수소의 동위체에는 질량수 2의 중수소와 질량수 3의 삼중수소가 있는데 삼중수소는 방사성의 동위체이나 중수소는 안전동위체입니다. 재작년경부터 세계를 떠들썩하게 한 상온 핵융합의 주역이 되고 있는 것은 이 중수소의 산화물, 즉 '중수'입니다.

12. 표백제도 한 가지보다 혼합사용이 좋은가?

【문 제】

시판되는 표백제에는 어떤 것이 있는가, 또는 그 사용법을 구분하라.

● 오 답

> 염소계와 산소계의 표백제가 있다. 더러워진 것을 분해하여 희게 하므로 양쪽을 혼합하면 더욱 강력해진다.

미이코 부엌용과 세탁용은 분명히 용기가 다르던데.

갸피코 그렇다면 머리털을 표백하는 것은 무엇일까? 표백제는 아닐테니.

하아코 하여튼 혼합사용하는 것이 효력이 좋을꺼야.

주 해

슈퍼마켓이나 화장품점에 진열되어 있는 표백제는 주로 세

탁용과 부엌용입니다.

그 밖에 심한 때를 표백하려면 아황산계의 하이드로술파를 함유하는 것이라든가 농도가 높은 과산화수소수가 사용되기도 하며, 검은 피부를 희게 하는 데에는 황의 콜로이드도 사용됩니다.

보통의 표백제 라벨을 자세히 보면 '염소계'라든가 '산소계'라는 작은 글씨가 적혀져 있습니다. 염소계 표백제는 차아염소산나트륨($NaClO$)의 수용액으로서 수산화나트륨 용액에 염소가스를 취입하여 만든 것입니다. 공업용으로는 좀더 강력한 아염소산나트륨($NaClO_2$)을 사용하는 일도 있으나 가정용으로는 거의 쓰고 있지 않는 것 같습니다.

염소는 물에도 녹으나 너무 고농도로는 되지 않습니다. 이 수용액(염소수)은 부차적으로 생기는 염산 때문에 산성이 되므로 가열하거나 빛에 노출되면 다시 염소가스가 발생합니다.

유럽에서는 양모 등의 표백에 염소수를 사용하던 사람들이 이 불안전성을 제거하기 위해서 연구하다가, 수산화칼륨의 수용액에 염소를 취입하면 꽤 안정되고 또한 산화력을 유지할 수 있다는 것은 발견하여 이것을 '자벨 수(ean de Javelle)'라고 불렀습니다. 이 자벨이란 처음으로 만든 동네의 이름이란 말도 있으나 확실치는 않습니다.

수산화칼륨보다는 수산화나트륨 쪽이 염가이므로 현재는 주로 수산화나트륨에 염소를 취입하여 만든 차아염소산나트륨의 수용액이 판매되고 있습니다.

산화표백제이므로 좀처럼 지워지지 않는 얼룩이나 때를 산화분해하여 색을 지우는 것이 목적이어서, 다른 표백제와 혼합하면 이쪽도 산화환원시약이므로 때보다 이쪽과 반응하기가 훨씬 쉽습니다.

그러므로 없애야 할 때는 빠지지 않고 때로는 이상한 산화환원반응이 진행되어 독성이 있는 염소가스를 다량으로 발생하거나 불용성의 고체가 생기기도 하여 좋을 일이 하나도 없습니다.

또한 수년 전부터 화장실을 청소할 때 염산에 표백제(염소계)를 섞어서 사용하는 위험한 짓을 하는 사람이 늘어나고 있는 것 같습니다.

아마 어디에선가 가사비결이라도 배운 모양인데, 좁은 화장실에서 이런 것들을 혼합하면 바로 염소가스가 발생합니다. 일부러 독가스실을 만들어 그 속에 있는 셈이 되는 것입니다. 실제로 생명을 잃은 경우도 한두 건이 아닌 것 같은데, 기초적인 화학지식이 없는 결과라고 해도 할 말이 없을 것입니다.

마사카 교수 강의에서도 있었지만 화학이란 자신을 지키기 위해 있는 것이지요. 시험치기 위한 암기 위주의 화학이란 아무 의미가 없어요.

갸피코 (불만스럽게) 그렇습니까?

마사카 교수 하여튼, 적어도 자네들이 신문에 난 주부들처럼 화장실에서 염소가스 중독을 일으키기라도 한다면 화학은 헛배운 셈이지.

미이코 그런 일은 없어요.

'키친 하이타'니 '브리치'니 하는 이름으로 판매되고 있는 표백제의 염소계의 제품은 유효 염소분이 조금이라도 많아지도록 일부러 강알칼리성의 용액에 염소를 취입하여 만듭니다. 그러므로 산을 가하여 pH를 낮추면 다음 식의 평형이 좌측으로 이동하게 되므로 염소는 용액에서 방출하게 됩니다.

그러나 때를 지우는 데는 작용하지 않고, 잘못 사용한 사람을 염소가스는 해치는 결과가 되는 것입니다. 화학방정식을 너무 싫어하면 좋은 결과는 기대할 수 없습니다.

$$Cl_2 + H_2O \longrightarrow 2H^+ + Cl^- + ClO^-$$

알칼리성 수용액이면 위식의 H^+가 계속 소모되므로 이 평형 반응은 오른쪽으로 진행되나, 역으로 산을 첨가하면 H^+가 과잉되므로 반응은 반대로 왼쪽으로 진행하여 차아염소산이온과 염화물이온이 줄고 대신 염소가스가 생기게 됩니다.

염소계 표백제가 작용하는 원천은 실은 이 오른쪽에 있는 차아염소산이온 ClO^-이므로 될 수 있는 한 이것이 많은 상태에서 사용하지 않으면 모처럼 표백제를 사용하는 의미가 없습니다.

물론 염소가스에 표백작용이 없는 것은 아니지만 수용액 중에 있는 차아염소산이온에 비하면 훨씬 못하다는 것은 부정할 수 없습니다.

13. 소다수에는 무엇이 들어 있는가?

【문 제】
소다수에는 무엇이 용해되어 있는가.

● 오 답

> 가성소다나 탄산소다의 수용액을 말한다.

갸피코 소다란 나트륨을 말하는 거 아냐? 그러니까 가성소다
나 탄산소다가 녹아 있는 것을 말하는 것이지.
미이코 그럼 어떻게 그런 걸 마실 수 있나.

주해

　영국이나 미국의 살인탐정소설을 읽으면 필연적이라 할 정
도로 'Whiskey and Soda' 다시 말해 위스키에 소다를 탄 것이
나타나는데, 이 소다수는 원래 산소의 발견자로서 유명한 프리

스틀리(Joseph Priestley)가 18세기 말에 맥주양조공장에서 활
발하게 발생하는 기체를 연구하다 이 수용액에 상쾌한 맛이
있다는 것을 알게 되면서부터 만들어지기 시작하였다고 합니
다.

알코올 발효통에서 방출되는 기체이므로 이것은 당연히 이
산화탄소(탄산가스)였습니다. 곧이어 천연수에도 지중의 고압
으로 이산화탄소가 녹아들어 있는 것이 발견되어, 유럽에서는
'젤다스'니 '아폴리나리스' 등 여러 가지 명칭으로 병에 채워져
판매되었습니다.

프리스틀리는 이 이산화탄소를 함유하는 물, 즉 '탄산수'를
손쉽게 만드는 장치를 만들었습니다. 이것은 천연으로 산출하
는 탄산나트륨(즉 소다수)에 염산을 부어, 발생하는 가스를 내
압 플라스크 내의 물에 압력을 가하여 포화시키는 것입니다.

이 장치는 '가소진(gasogene)'이라 불렸습니다. 즉 'Gas gen-
erator(기체 발생기)'를 줄인 이름입니다만, 물론 물에 녹는 것
은 이산화탄소뿐이며 소다 즉 나트륨 성분은 들어 있지 않습
니다.

이때 생기는 것은 '소다수'이며 '소다 파운틴'이니 '소다 스푼'
등은 이 소다수가 기초가 되어 지어진 이름이므로 어느 경우
나 나트륨을 뜻하는 소다와는 직접적인 관계는 전혀 없습니다.

셜록 홈스와 와트슨 의사가 공동생활을 하고 있는 런던의
베커가 221B에 있는 방의 상비소도구의 하나에 앞서 말한 '가
소진'이 있습니다. 빅토리아여왕 시대이므로 프리스틀리의 발
명 이후 거의 100년이 지나도 아직 위스키용의 소다수는 이
방법으로 만들었던 것입니다.

지금은 소다사이펀(sodasiphon)에 작은 탄산가스가 들어 있는 봄베를 장전하는 것으로 간단하게 소다수를 만들 수 있으니 가소진은 골동품점에 가도 있을런지 모를 정도가 되었습니다.

이처럼 꽤 옛날에 붙여진 이름이 자칫 잘못하면, 억지를 부리면 사실이 지기도 하는 세상이나, 그것이 관용명으로서 고정되어 있습니다. 다음에 몇 가지 그러한 잘못의 보기를 다루어 보기로 합시다.

하이포와 하이드로술파이트

그 옛날, 아직 화학의 연구가 지금처럼 정밀화되어 있지 않던 시대에는 분석결과의 착오나 분자구조 추정의 착오가 적지 않았습니다. 앞의 것의 예로는 하이포와 하이드로술파이트, 뒤의 것의 예로는 아인산과 포스폰산이 있습니다.

사진정착에 사용하거나 금붕어 어항물의 염소를 제거하는데 흔히 쓰이는 '하이포'는 많은 나라에서 '하이포(hypo)'로 통용되고 있으나, 정식명은 티오황산나트륨입니다. 조성은 $Na_2S_2O_3$로 되어 있습니다.

어떻게 하여 이런 틀린 이름이 붙여졌는가 하면, 옛날의 분석결과가 정확하지 못했다는 것과, 결정을 당시는 얻기 어려웠기 때문에 차아황산나트륨(Na_2SO_2, 영어 이름은 sodium hyposulfite)으로 잘못 알았기 때문인 모양입니다.

최근에 가정용 표백제로서 슈퍼에서도 팔고 있는 하이드로술파이트는 강력한 환원제이며 남색 색소인 인디고이므로 환원되어 무색의 로이코인디고로 변화될 정도의 것인데, 실은 이 이름도 화학식을 정확하게 표현하고 있지는 않습니다.

이 명칭이 유도되는 화학식은 보통의 것이 나트륨염이므로 $NaHSO_3$, 즉 아황산수소나트륨과 같은 것이 되는데 실제의 하이드로설파이트의 조성은 전혀 다른 것으로 $Na_2S_2O_4$, 즉 아이(亞二)티온산나트륨인 것입니다.

연구수단이 진보하였기 때문에 이전의 명칭이 분명하게 틀렸다고 판명된 것이 몇 가지 있는데, 그 중에서도 유명한 것이 아인산과 포스폰산입니다.

아인산은 인산보다는 산소가 1개가 적은 조성으로 H_3PO_3로 나타내나 실제로는 이염기산입니다. 이 모순이 정확하게 해명된 것은 제2차대전 이후의 일이었는데, 조성은 H_2PO_3이지만 이 구조는 그때까지 생각하였던 $H_2[PO_3]$가 아니고 $H_2[PO_3H]$ 같은 형태라는 것을 알게 되었습니다.

이 산은 '포스폰산'이라 불리는 것으로 이것에 해당하는 유기의 유도체인 알킬포스폰산 $H_2[PO_3R]$은 이미 생성되어 있었습니다.

그러나 아인산이란 명칭이 완전히 사라진 것은 아닙니다. 아인산 그 자체나 아인산 염기는 존재하지 않는다는 것이 알려졌으나 아인산의 에스테르는 꽤 안전한 화합물로서 존재합니다. 예를 들면 $P(OCH_3)_3$ 같은 형태의 에스테르입니다.

이러한 것은 플라스틱공업 등의 방면에서 여러 가지 용도가 있으나 위치변화를 일으켜 메틸포스폰산디메틸, 즉 $CH_3PO(OCH_3)_2$를 생성하는 것 같은 일은 없습니다.

14. CaSo₄는 황화칼슘인가?

【문 제】
다음 화학식에 해당하는 우리말의 화합물명을 쓰라.
① $CaSO_4$
② $KClO_3$
③ Na_2HPO_4

● 오 답

> ① 황화칼슘
> ② 산화염소칼륨
> ③ 인산수소나트륨

마사카 교수 여러분들도 정말 이대로 암기했나요?

갸피코 물론이지요.

미이코 화합물의 이름쯤은 좀 틀렸어도 별일 없는 것 아니잖아요.

하아코 화학이란 이러한 것을 닥치는 대로 암기하는 것이 아니라고 고등학교 때부터 선생님에게 엄하게 들었는걸요.

마사카 교수 큰일났군, 역시 한번쯤 혼나지 않고서는 안되겠는걸.

주해

　화학식은 만국 공통의 표현이므로 모스크바에서도 북경에서도 혹은 바그다드나 나이로비나 리마에서도 같습니다. 그런 의미에서는 영어 이상으로 통용범위가 넓은 편리한 표현입니다.

　화학식은 확실한 체계로 이루어져 있으므로, 여러 나라에서 사용하는 말로서의 화합물명과 정확하게 대응된다면 가령 이해 불가능한 언어로 말한다 해도 확실하게 전달될 수 있습니다.

　만화가인 하세가와(長谷川町子) 여사가 유럽여행에 가서, 제네바에서 꼭 옥시풀이 필요하여 약국에 가서 주인에게 여러 가지로 설명을 하였으나 알아듣지 못했습니다. 할 수 없이 여학교 때 화학 시간에 배운 것을 생각하여 'H_2O_2!'라고 하였더니, 약국 주인은 웃으면서 바로 알아듣고 필요한 것을 꺼내 왔다는 경험담을 만화와 함께 쓴 것을 보았습니다.

　제네바는 스위스에서도 프랑스어가 통용되는 지방의 중심이지만 과연 국제도시란 것을 알 수 있는데, 또한 화학식이 만국 공통의 언어라는 것을 이처럼 절실하게 나타낸 경우도 드물 것입니다.

　화합물의 명칭도 원래는 화학식에 대응하여 정확하게 체계화하도록 되어 있습니다. 그러나 근대화학이 확립되기 이전에 물질로서 인식된 것에 대해서는 과거로부터의 명칭을 그대로 사용하고 있습니다. 많은 원소명이나 물, 암모니아, 메탄 등의 간단한 화합물명은 이 예입니다.

또한 항생물질 등과 같이 천연에 존재하는 복잡한 화합물로서, 단리된 최초에는 화학식이나 구조가 모르는 상태인 것은 이른바 '관용명'을 붙여서 그대로 통용하고 있다가, 나중에 정식으로 계통적 명명법에 따른 명칭이 생겨도 여전히 관용명으로 통하게 됩니다. 페니실린이나 클로로필 등이 그 예입니다.

그러나 지금 문제가 된 것은 그러한 고급의 것이 아닙니다. 이러한 비교적 간단한 화합물에는 정확한 명명법의 체계가 있으므로, 그대로 기계적으로 번역하면 우선 틀림없이 명칭을 정할 수 있습니다. 개개의 화학물의 명칭을 암기한다니 어리석기 그지없는 일입니다.

여기에 든 예는 각각 황산(H_2SO_4), 염소산($HClO_3$), 인산(H_3PO_4)의 염이므로 '황산칼슘', '염소산칼륨', '인산일수소이나트륨'이라고 해야만 합니다. 즉, 이러한 산에서 유도되는(생성되는) 화합물의 하나란 것을 이름으로서도 알 수 있게 되어 있습니다. 그런데 「오답」에서는 전혀 다르게 되어 있습니다.

'산화염소칼륨' 같은 표현은 약 300년 정도의 과거－염소산이 아직 알려져 있지 않았던 때라면 좋을지도 모르겠습니다 (물론 그 당시는 '산소'라는 원소명은 없었지만 말입니다).

또한 단순히 '인산나트륨'이라고만 하면 Na_3PO_4를 가리키는 경우도 되고, NaH_2PO_4의 가능성도 있어, 이름과 물질의 1대 1의 대응관계가 흐려지는 것입니다.

마사카 교수　여러분들은 미술실기도 하고 있지요?

하아코 지난번에 석고세공으로 형을 뜨는 실습을 했습니다.

갸피코 나폴레옹의 조그마한 흉상을 여섯 사람이 한 개씩 만드는 것이었지요.

미이코 석고 실습이 지금 문제와 무슨 관계가 있습니까?

모토이 교수 $CaSO_4$는 황산칼슘, 즉 석고입니다. 여러분들은 석고실습을 할 때, 약국에다 어떻게 주문하지요?

갸피코 그야 물론 "석고 부탁합니다"라고 전화걸지요.

모토이 교수 화구점이라면 그렇게 해도 괜찮겠지만….

마사카 교수 대학이니 역시 전문약품납품회사에 주문하여 가져오게 합니다. 저쪽에서 전화받는 사람은 실은 잘 알고 있겠지만, 때로는 신입사원도 있지요. 그럴 때는, 우리말로 바르게 화합물명을 말해주지 않으면 안됩니다.

세 사람 그래요?

모토이 교수 그러니 여러분들이 "황화칼슘 1킬로그램 부탁합니다" 하는 식으로 전화하면 어떤 결과가 되는지 아세요?

하아코 석고가 배달되겠지요. 황화칼슘은 바른 이름이니까요.

마사카 교수 정말 그렇게 말해도 괜찮겠어? 세 사람 모두 그 멋진 긴 머리털이 빠져 대머리가 된 다음에 가발을 살려구.

갸피코 왜 그런 일이 생겨야 하지요?

마사카 교수 황화칼슘(CaS)은 강력한 탈모제니까 말야. 그런 것이 묻은 손으로 머리를 만졌다면 그 다음이 어떻게 되는지 직접 한번 경험해 볼텐가?

미이코 큰일이지요. 몇년이나 기른 머리가 전부 **빠져** 버린다면…. 사실입니까?

하아코 이거, 놀랄 일인데.

프레프레오염

‘입시계의 신’이라고까지 칭송받고 있는 어느 유명 입시학원의 화학선생님이 집필하신 교재를 마침 볼 기회가 있었습니다.

확실히 고등학교의 교과서 – 이것은 문부성의 교과서 조사관인 높은 자리에 있는 선생님의 눈이 구석구석까지 미치어 재미있는 부분은 전부 삭제되어 평범한 부분만을 강조하므로 생긴 결과인 모양이지만 – 에 비하면 중요한 사항은 요령 있게 간추려져 있어 과연 대단하구나 하고 느낀 데가 적지 않았습니다.

그러나 몇 가지 마음에 걸리는 것은 이 신으로까지 칭송받는 선생님의 나이로 보아서는 부득이한 일이라 할지라도, 여기저기에 너무나도 시대착오적인 명칭이나 표현이 산재하고 있습니다. 이래가지고는 모처럼 대학에 합격해도 수업에서는 한 번도 사용되지 않을 죽은 말의 용어만으로는 입시공부 때 배운 지식이 전혀 쓸모없는 것이 되지 않을까 하는 생각이 들었습니다.

그 중에서도 특히 기가 막힌 것은 코발트착염의 옛날식 명칭이 실려 있고 “이 정도의 것은 전부 암기해 두고 바로 언제든지 이름이나 식을 쓸 수 있도록 할 것!”이라고 고딕체의 활자로 인쇄되어 있는 것이었습니다.

가령 다음과 같은 것입니다.

$[Co(NH_3)_6]Cl_3$ 루테오염(Luteo salt)

$[Co(NH_3)_5Cl]Cl_2$ 프레프레오염(Prefreo salt)

$[Co(NH_3)_5NO_2]Cl_2$ 크산토염(Xantho salt)

우리가 항상 다루고 있는 코발트착체 중에서도 이런 것들은 비교적 오래전(19세기)부터 알려져 있는 것인데, 일본에는 현재 이 방면의 전문학회로서 이미 40년 이상의 역사가 있는 「착체화학토론회」에 매년 참석하는 거의 1000명에 이르는 무기화학자 중에서 이러한 옛날식 이름을 바로 이해할 수 있는 나이드신 선생님들의 수는 겨우 20명도 되지 못할 것입니다.

출제위원이 되기도 할 선생님들이 잘 아시지 못하는 것을 수험생들에게 외우라고 가르치시는 것은 아무리 입시계의 신의 말씀이라 해도 받아들이기에는 좀 곤란합니다.

전에 본 일이 있는 구제중학의 화학교과서에는 분명히 이러한 표현이 있었습니다. 그러나 현재로서는 대학원의 입시문제로 출제해도 이러한 것에 해답할 수 있는 수험생은 거의 없으리라 여겨집니다.

실은 이처럼 색조에 기준한 명칭에는 나름대로의 내력이 있는 것입니다. 지금으로부터 100여년쯤 전에 알프레드 베르너가 그 당시까지 혼동하고 있던 무기화합물의 세계를 해명하고자 「배위설」을 제창하여, 특히 복잡괴기하였던 '착염'의 구조를 해명하고 코발트 같은 중심원자의 주변에 6개의 '배위자'라고 불리는 원자나 원자단이 위치할 수 있다는 것을 밝히기까지에는 이러한 코발트착체는 조성과 색으로만 구별할 수 없었던 것입니다.

루테오, 프레프레오, 크산토는 각각 '등황색', '보라색', '황색'을 나타내는 그리스어에 유래하는 것입니다.

실제로 합성하여 실물을 다루어 보면 이런 명칭은 정확하게 정곡을 찌른 표현이므로 구태여 배척할 필요도 없는 편리한 것입니다. 착체의 합성을 전문으로 하는 연구자들 사이에서는 지금도 분야에 따라서는 사용되고 있을 것입니다.

그러나 장래 무기화학자가 된다고만은 할 수 없는 시험지 위주의 수험생에게, 이러한 거의 아무도 쓰지 않는 죽은 지식을 강요하는 것은 지나친 처사가 아니겠는지. 상기한 3가지 착체의 현재 보통으로 쓰이고 있는 명칭은 다음과 같습니다.

$[Co(NH_3)_6]Cl_3$ (루테오염)
　　　　　　　　　　　　　헥사암민코발트(Ⅲ) 염화물

$[Co(NH_3)_5Cl]Cl_3$ (프레프레오염)
　　　　　　　　　모노클로로펜타암민코발트(Ⅲ) 염화물

$[Co(NH_3)_5NO_3]Cl_2$ (크산토염)
　　　　　　　　모노니트로펜타암민코발트(Ⅲ) 염화물

'헥사', '펜타', '모노'는 각각 그리스어 수사의 6, 5, 1을 나타내며 '암민'은 금속에 배위자로서 결합하고 있는 암모니아분자를 말합니다. '클로로', '니트로'는 각각 배위자로서의 Cl, NO_2 원자단을 표현하고 있습니다.

즉 이 방법에서는 화학식과 명칭이 정확하게 대응하고 있으므로 해독방법만 알면 명칭에서 화학식을 쓸 수 있고 또한 반대로 화학식을 알면 명칭을 쓸 수도 있는 것입니다. 더 복잡해도 상관없는 것입니다.

그러니 아예 암기할 생각은 하시지 말도록!

15. 주기율표는 원자번호의 다음에 생겼나?

【문 제】

멘델레예프는 원소를 무슨 순번으로 배열하여 주기율표를 만들었나.

● 오 답

> 원자번호의 순서로 배열하였다.

갸피코 그래, 지난번에 읽은 알기 쉬운 물리란 책에도 그렇게 쓰여 있었어.

미이코 물리와 화학에서 한쪽은 옳고 다른 한쪽은 틀리는 경우란 있을 수 있나요?

하아코 그런 일은 있을 수 없을꺼야. 물리학의 교과서는 절대 옳다고 생각해. 그렇잖아, 원자물리학이 완성되므로 화학의 연구가 가능하게 되지 않았어.

주해

분명히 갸피코 양이 말한대로 "멘델레예프는 원자번호 순서대로 원소를 '배열하여 주기율표를 만들었다"고 쓰여져 있는 교과서가 현실로 존재합니다. 그러나 이것은 명백한 잘못입니다. 왜 그러냐고요?

멘델레예프는 당시 제정 러시아에서의 여자들에 대한 화학교육이 너무나 뒤떨어져 있는 데 대해 위기의식을 느끼고, 지금까지의 것과는 전혀 다른 새로운 편성의 화학교과서를 만들려고 했습니다.

그런데 1850년 당시까지만 알려져 있던 수많은 원소의 여러 성질을 카드에 적고, 여러가지로 배열해 보았으나 원자량의 순으로 배열하였더니 이제까지 일대 혼란으로 여겨져 있던 원소의 세계는 훌륭한 규칙성(주기성)이 있다는 것을 알게 되었습니다.

물론 멘델레예프 이전에도 원자량의 순으로 원소를 배열하는 시도가 없었던 것은 아닙니다. 그러나 멘델레예프가 특출한 것은 그때까지 보고되어 있던 원자량의 값을 검토하여 가장 적합하다고 여겨지는 것을 고르고 또한 틀렸다고 여겨지는 것은 정정하고 나서, 아직도 불완전하게 보이는 것은 미발견의 원소가 있기 때문이라고 말한 데 있습니다.

어쨌든 당시의 원자량의 결정법은 순수한 화학적 방법 이외는 없었으므로 당량이 정확하게 구해져도 원자가가 불확실하면 틀린 원자량이 되었습니다.

가령 우라늄도 멘델레예프가 결정하기까지는 원자량의 값으로는 약 120이라는 값이었습니다. 멘델레예프는 우라늄은 그때까지 여기고 있던 3가가 아니고 6가가 옳다고 보고 원자량을 구하여 텅스텐의 아래 위치에 놓고 주기율표를 만들었습니다.

멘델레예프 이전의 주기율의 선구자로 일컬어지는 화학자에는 독일의 디베라이너, 영국의 뉴랜즈, 프랑스의 드 샹크르드와 등이 있으나, 모두 미발견원소의 성질 추정 같은 것까지는 하지 않았습니다.

그러나 멘델레예프도 예언하지 않았던 원소군이 있었습니다. 이것은 네온이나 아르곤 같은 희유기체 원소입니다. 아르곤이 최초로 발견된 희유기체인데 실은 이 원소군을 주기율표 속에 넣음으로써 비로소 원자번호가 의미있는 값이 된 것입니다.

곧이어 각 원소가 방출하는 특성 X선의 파장과 원자번호의 사이에는 뚜렷한 관계가 있다는 「모즐리의 법칙」이 제출됨으로 해서 이때 비로소 원자번호의 중요한 의미가 확립되었던 것입니다. 희유기체 원소가 전부 제거되면 원자번호 같은 것은 아무런 의미도 없는 것이 되어 버리니, 설사 물리학의 책에 그렇게 써 있다 해도 역사와 과학의 진보를 무시한 잘못인 것입니다.

아마도 이 책을 쓰신 물리 선생님은 "원소를 원자번호순으로 배열하면 멘델레예프가 만든 주기율표가 저절로 이루어진다"고 말한 셈이었을 것입니다.

그러나 19세기의 물리학 연구대상은 주로 광학분야였으며 특히 원자물리학에 관해서는 연구할 수단도 유익한 정보나 지식을 제공하지 못했던 것입니다.

19세기 말엽에 이르러서야 뢴트겐이 X선을 발견하였으나 이것이 전자파의 일종이며 파장을 측정할 수 있다는 것을 알게 된 것은, 라우에에 의해 결정 속의 원자배열이 회절격자로서 작용한다는 것이 발견된 다음입니다.

다시 말해 금세기 최초의 10년 정도의 토픽이었습니다. 그때까지는 각각의 원소 고유의 X선의 존재는 알고 있었지만, 파장이 측정될 수 있게 되면서 원자번호의 의미가 정착된 것입니다.

그렇게 어려운 말을 하지 않더라도 만일 헬륨, 네온, 아르곤 등등이 없었다면 리튬의 원자번호는 2번일 것이고 나트륨은 11번이 아니고 9번의 원소가 되어, 후에 희유기체 원소를 집어넣을 장소가 주기율표에는 없었을 것이 아니겠습니까.

모즐리의 법칙이란 여러 가지 원소의 특성 X선의 파장을 λ(람다)로 나타내고 원자번호를 z로 하였을 때 다음과 같은 관계식이 성립되는 것을 말합니다.

$$(1/\sqrt{\lambda}) = Az + B$$

이 식에서 특성 X선이 측정될 수 있으면 원자번호를 알 수 있고, 반대로 원자번호가 이미 알려져 있다면 어디쯤에 특성 X선이 나타날 것인가를 예측할 수 있게 됩니다. 하프늄(Hf) 등 이 방법으로 원자번호가 결정된 원소도 여러 개가 있습니다. 이 식은 후에 슈뢰딩거의 파동파정식으로 멋지게 설명될 수 있었습니다.

위의 식의 A와 B는 몇 개의 계열별로 상이한 상수입니다. 실례를 그래프로 나타내어 봅시다.

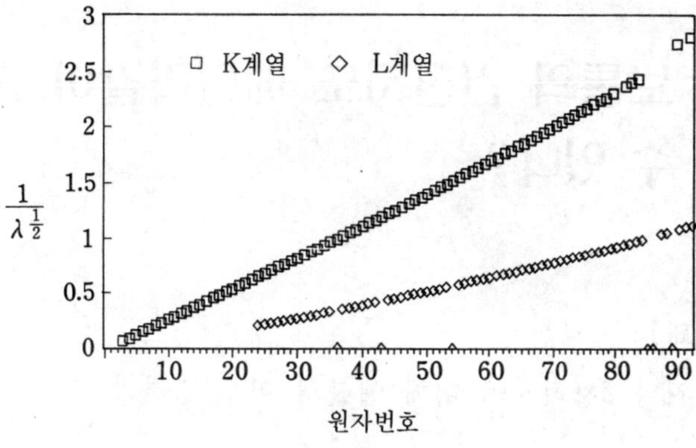

모즐리의 법칙도

16. 보통의 건전지도 배터리같이 충전할 수 있나?

【문 제】

1차전지와 2차전지에 대해 예를 들어 설명하라.

● 오 답

> 2차전지란 충전 가능한 것, 1차전지는 충전할 수 없는 것이다. 보통의 건전지도 충전할 수 있으니 전형적인 2차전지다.

갸피코 전기제품점에 가면 건전지의 충전기라는 것을 팔고 있는데, 왜 이 답이 틀리는 것입니까?

미이코 그것은 꽤 비싸던데요. 아마도 보통 방법으로는 쓸 수 없고, 특별한 장치를 사용할 때에만 충전할 수 있는 것이 아닐까?

하아코 그럴지도 모르지.

갸피코 그래도 건전지에는 'Dry Battery'하고 적혀 있잖아. 그렇다면 보통의 배터리도 마찬가지로 충전될 수 있을 것 아니야.

주해

2차전지 중에서 가장 일반적인 것은 현재도 역시 납 축전지일 것입니다. 이것은 황산을 전해액으로 하여 납판을 전극으로 사용하고 있습니다.

그런데 이 경우에는 볼타의 전지나 다니엘 전지처럼 정해진 지시에 따라 만들면 바로 기전력이 생기는 것은 아닙니다. 우선 전기에너지를 이 속에 비축하는 조작이 필요합니다. 이것이 바로 '충전'입니다.

충전하면 양극 − 전지의 세계에서는 양극, 음극 대신 '플러스극', '마이너스극'이란 말을 쓰기도 합니다 − 은 이산화납으로 변하나 음극은 금속납 그대로입니다.

납 축전지 속에서 일어나는 반응은 매우 복잡한 것 같지만 요약하면 다음과 같습니다.

방전시

양극

$$PbO_2 + SO_4^{2-} + 4H^+ + 2e^- \longrightarrow PbSO_4 + 2H_2O$$

음극

$$Pb + SO_4^{2-} \longrightarrow PbSO_4 + 2e^-$$

이처럼 양극에도 음극에도 황산납이 생성됩니다. 충전하면 어느쪽의 반응도 역으로 진행하므로 황산납이 소비되어 양극에는 이산화납(과산화납), 음극에는 금속납이 생성됩니다.

이 경우에 주목해야 할 것은 전혀 기체의 발생이 수반되지 않는다는 것입니다. 만일 기체가 발생한다면 조그만한 빈틈을 통해 외부로 새어나가게 되므로, 반응을 역으로 진행시키려면 복잡한 장치가 필요하게 됩니다. 연료전지처럼 외부에서 일정하게 기체를 공급받을 수 있는 경우라면 몰라도, 완전히 폐쇄된 계에서도 전지반응이 가능한 것입니다.

최근의 건전지는 엄격하게 밀봉되어 있어 과거의 것처럼 전해액이 흘러나와 전기제품의 내부가 녹스는 일은 없어졌지만, 건전지의 전극반응에서는 전부는 아닐지라도 반드시 미소하게나마 기체의 발생이 생깁니다. 액체 내의 반응과 달라, 용액과 기체 혹은 용액과 고체의 반응에서는 반드시 가역적으로 반응이 생긴다고는 할 수 없습니다.

그러므로 '건전지도 충전할 수 있다'는 말은 일시적으로 건전지의 기전력이 복원된다는 뜻에 불과한 것입니다.

완전하게 복원하려고 시도하다가 아마도 건전지의 전해액 중의 반응(전기분해반응)의 결과, 꽤 많은 양의 기체가 발생하여 전지 자체가 터져 버리는 가능성도 매우 큰 것입니다. 흔히 건전지의 측면에 '절대로 충전하지 마십시오'라고 적혀 있는 것은 이런 까닭이 있기 때문입니다.

원래부터 2차전지로서 만들어져 있는 것이 아니므로, 이런 위험한 충전 조작에 의해 얼핏 보기에는 기전력이 회복된 것 같이 보여도 실은 전지에 공급된 전기량에 비하면 다시 이용할 수 있는 전기량은 훨씬 적은 미량에 불과합니다.

납 축전지나 니켈-카드뮴전지의 경우라면 충전한 분량의 대부분의 전기량을 활용할 수 있으나, 보통의 건전지는 충전하여도 실제로 사용할 수 있는 양은, 다시 말해 지금부터 얻어지는 전기량이란 미미한 것에 불과합니다.

특히 트랜지스터를 이용하는 회로를 구성하는 경우, 이전에는 대용량의 콘덴서가 고가였으므로 전원회로에 건전지를 끼워서 이것으로 콘덴서의 대용으로 한 적도 있었습니다.

이러한 경우에는 순간적으로 회로에 흐르는 최대 전류를 건전지에 흐르게 하여 회로 전체에 흐르는 전류를 일정하게 하는 것이 주목적이므로, 지금의 '건전지를 충전하여 사용한다'는 뜻의 사용법은 아니었습니다.

전등선에서의 전기는 얼핏 보기에 아무것도 아닌 것같이 보이나 실제로는 그것에 상응하는 비용의 청구서가 매달 날아오므로 실제로는 꽤 부담이 되는 것입니다.

물론 응급시에는 필요할지 모르지만, 결국은 임시방편에 불과합니다. 충전에 소요된 전기량에 비하면 재충전된 건전지에서 사용되는 전기량은 훨씬 적어져 있기 때문입니다.

17. 적외선은 붉은색인가?

【문 제】
적외선이란 어떠한 파장의 전자파를 말하는가.

● 오 답

> 전기 난방기나 전기 스토브에서 방출되는 붉은 빛을 말한다.

가피코 그러니 적외선 난방이라든가 적외선 난로는 모두 붉은 빛을 내고 있잖아.

미이코 전기풍로의 니크롬선도 붉은 빛이지.

적외선은 스펙트럼의 붉은 영역보다 긴 파장의, 눈에 보이지 않는 부분의 전자파를 말합니다. 이 존재를 처음으로 발견한 사람은 천왕성을 발견한 영국 천문학자 윌리엄 허셜(Wiliam Herschel)로서 1800년의 일이었습니다.

뉴턴의 전례에 따라 프리즘으로 태양빛을 구분하여 생기는 일곱색의 띠모양 스펙트럼의 적색보다 바깥쪽에, 육안으로는 아무것도 보이지 않는 부분에 온도계의 둥근 부분을 놓으면 점점 온도계의 눈금 숫자가 상승하는 것을 본 것이 인간이 적외선의 존재를 알아차린 최초의 것입니다. 영어로는 infrared 즉 '적색보다 안쪽'이란 뜻의 단어로 되어 있습니다.

전기보온기나 전기난로가 붉게 빛나는 것을 보고 그 붉은 빛이 적외선인 것으로 여기는 사람이 의외로 많은 것 같습니다. 그러나 중앙난방에 사용되는 스팀난방의 발열부는 마찬가지로 적외선을 방출하고 있으나 별로 붉지 않습니다. 적외선이 적색이 아니라는 것은 이 예로도 알 수 있으리라 생각합니다.

그렇다면 왜 전기보온기나 난로가 붉게 빛날까요. 첫째로 '인간의 기분' 문제에 의합니다.

적색은 전형적인 따뜻한 색이며 푸른색을 보면 시원한 감을 느끼는 것과 정반대의 것입니다. 그러므로 미국의 고층건물의 펜트하우스(penthouse) 등에서는 패널 라디에이터나 중앙난방 장치로 실내온도를 높였는데도 구태여 장식용의 난방에 유리를 붙여서 반대쪽에서 불꽃이 움직이는 모양을 비추어 나타내는 장치를 사용하고 있는 것도 나름대로의 이유가 있기 때문입니다.

또한 구미 지역의 고층건물은 원칙적으로 폭발의 원인이 되는 도시가스나 오염원이 되는 석탄이나 석유의 연료를 사용할 수 없게 되어 있어서 아무래도 실내가 살풍경하게 되기 쉬우므로, 어떻게든 신경을 편안하게 하기 위해 연구한 결과일 것입니다.

물체를 고온으로 가열하면, 결국 '흑체복사'라고 불리는 현상이 생겨 주위에 적외선을 방사하게 됩니다. 이 흑체복사의 스펙트럼은 온도의 함수이며, 너무 높은 온도가 아니면 결국 파장이 긴 쪽이므로 적색의 성분은 거의 없으나 온도가 상승하는 데 따라 스펙트럼의 기슭 부분이 가시부에 들어오게 됩니다. 이것이 '적열' 상태입니다.

더욱이 온도가 상승하면 이 복사발광스펙트럼의 기슭 부분은 가시부 전역을 덮게 되며, 그 결과 인간의 눈으로는 색채를 식별할 수 없게 됩니다. 이것이 '백열' 상태입니다.

그러므로 몇 십억 년에 걸친 지구상의 생명이 갖는 감각의 기억으로는 아무래도 붉은 빛을 발하는 쪽이 따뜻한 물체라는 것은 이유야 어쨌든 감각상으로는 좀처럼 부정할 수 없는 것입니다. 전기 난방기에는 적색등과 시즈선이 병용되어 있는 것도 있는데, 시즈선은 열원이기는 하지만 전혀 빛나지는 않습니다. 그러나 역시 적색계통의 빛이 있는 쪽이 기분상으로도 더욱 따뜻하게 느껴집니다.

또한 적외선의 파장의 짧은 쪽은 보통의 사람이 색채로서 검지할 수 없는 부분인 약 800옹스트롬(0.8μm) 정도이나 긴 쪽의 끝(마이크로파와의 경계)은 1mm(1000μm)라 합니다.

적외선의 에너지는 거의 분자의 진동이나 회전의 영역에 상당하므로 이 영역의 상세한 분광측정으로 여러 가지 상태에서의 분자구조나 변형상태를 해석할 수 있습니다. 이 경우에 '근적외부'니 '원적외부'니 하는 말을 쓰는데, 근적외부란 파장으로 20μm 이하의 부분 즉 대부분의 유기화합물의 분자 진동회전에 의한 흡수스펙트럼이 출현하는 부분입니다.

20μm보다 긴 파장인 쪽이 원적외부로서 결정의 격자진동이나, 금속이온과 배위자와의 사이의 결합 신축 혹은 긴 사슬의 탄화수소의 지그재그 사슬이 용수철같이 움직이는 진동 등이 포함되는 외에 일부의 가벼운 분자의 회전운동 스펙트럼도 이 부분에 출현합니다.

흔히 "전자렌지 속의 조리재료에 열을 집중적으로 방사하니까 가열된다"고 쓰여 있는 가정학 책이 있는데, 전자렌지는 보통 렌지와 달라 열선을 방사하는 것이 아닙니다.

좀더 파장이 긴 '마이크로파'를 조리 재료에 조사(照射)하면 속에서 물분자의 운동이 일어나 전자파 에너지를 흡수하여 곧 열로 전환시키는 것입니다. 그 결과로 온도가 상승하는 것이지 외부에서 열선을 조사하고 있는 것은 아닙니다.

18. 액체의 이산화탄소는 존재하는가?

【문 제】

이산화탄소를 액화하려면 어떻게 해야 하는가.

● 오 답

> 이산화탄소의 고체는 드라이 아이스인데 따뜻해지면 곧 기체로 되므로 액체로 하는 것은 불가능하다.

갸피코 드라이 아이스에서 액체가 만들어진다면 전혀 '드라이' 가 아니잖아.

미이코 비어 홀 같은 곳에서는 녹색 봄베를 사용하고 있는데 액체가 흘러 나왔다는 말은 들은 적이 없으니, 역시 액체의 이산화탄소란 존재하지 않을꺼야.

하아코 그럴꺼야. 그런데도 어디선가 본 것 같은 생각도 드는 데 …

주해

기체의 액화(液化)는 19세기 중엽쯤부터 세계의 과학자들을 괴롭힌 어려운 문제였습니다. 어떤 종류의 기체는 도저히 액화할 수 없어 '영구기체' 즉 절대 영도까지 냉각하여도 기체상태로 있지 않을까 하는 생각도 갖게 된 적이 있었습니다.

기체가 액체로 되거나 고체가 되기 위해서는 분자간의 인력이 열에너지에 의해 분자의 움직임을 윗돌지 않으면 안됩니다. 그러므로 희박한(저압의) 기체는 액화도 고화(固化)도 어렵고, 가압하여 냉각함으로써 비로소 응축, 응고가 가능하게 된 것입니다.

기체와 액체의 상태—이것을 각각 '기상(氣相)' '액상(液相)'이라고 합니다—가 공존할 수 있는 상태는 물질에 따라 각각 정해진 온도와 압력이 있습니다. 이 점을 임계점이라 하는데, 몇 가지 물질의 '임계점'을 표로 나타냈습니다.

	임계온도($^\circ$C)	임계압력(기압)
물	374.2	218.3
이산화탄소	31.0	72.9
질소	-147.0	33.5
산소	-118.4	50.1
수소	-239.9	12.8
헬륨	-267.9	2.26

이때의 온도(임계온도)가 낮아지면 상압하에서는 좀처럼 액화되지 않습니다. 더욱 압력을 높여 줄 필요가 있습니다. 임계온도보다 높은 온도에서는 아무리 압력을 가해도 액화는 일어

나지 않습니다. 그 옛날의 '영구기체'는, 당시의 냉각기술로는 이 임계온도까지 좀처럼 온도를 낮출 수 없었기 때문에 액화할 수 없었던 것입니다.

물의 경우에는 임계온도가 상온보다도 높으므로 상압하에서 액화가 일어납니다. 그러나 이산화탄소의 액체는 고압하에서만 존재할 수 있습니다.

도쿄의 우에노(上野)박물관에는 '물이 들어 있는 수정'의 표본이 전시되어 있습니다. 핸들이 달려 있어 돌리면 수정 속의 기포가 움직이는데, 이 속의 액체는 고압으로 봉입된 이산화탄소가 액화한 것이라고 합니다.

천천히 온도를 낮추어가면 차차 액상과 기상의 경계가 없어지고 전체적으로 균일해집니다. 이것이 임계온도에 도달하였다는 것을 나타내고 있는 것인데, 이 온도가 앞에서 말한 대로 물질에 따라 고유하므로 이것으로서 어떤 액체가 들어 있는지를 알 수 있는 것입니다.

또한 최근의 화학공업계는 고온으로는 불안정한 물질을 원료인 천연물 등에서 적출하는 데 자주 이용되고 있는 '초임계 추출법'이란 것이 있습니다. 향료라든가 맛있는 성분 등을 추출할 때, 보통의 유기용매로 사용하면 나중에 분리나 농축 등의 과정이 어려워지고 폐액처리에도 비용이 들게 됩니다.

그러므로 이산화탄소의 기체에 고압을 가해 임계온도보다 약간 높은 온도로 하면 앞에서 말한 물이 들어 있는 수정 속의 내용물같이 초고밀도의 기체가 생깁니다. 이 기체는 액체 이산화탄소와 똑같은 성질을 하고 있으므로 원료에서 보통의 유기용매로서 추출하는 대신에 용매로서 사용할 수 있는 것입니다.

추출한 후에 압력을 낮추면 이산화탄소는 기체로서 제거되고, 후에 유효성분만이 남습니다. 이산화탄소는 다시 회수하여 사용할 수 있습니다. 고압장치를 설치하는 데는 비용이 들어도, 운용비를 고려하면 훨씬 싸다는 것입니다.

물의 임계온도는 이산화탄소에 비하면 훨씬 높지만 자연계에는 초임계상태의 물이 발견되어 있습니다. 동태평양의 해저에서 심해조사선 알뷘호가 발견한 열수(熱水)의 샘은 무려 섭씨 40도 이상이나 되는 것이었습니다. 최근에 일본 근해에서도 같은 고온의 열수가 끓어오르는 지점이 있는 것 같다는 말이 있습니다.

이 물은 임계온도보다 고온이며 역시 해저의 암석성분을 초임계추출하고 있는 듯하며 바닷속에서 분출하여 냉각되면 다종다양한 황화광물이나 황산바륨 등을 석출하여 흑·백의 굴뚝모양을 이루고 있습니다. 장대의 귀중한 해저자원이 될 수 있을지 모릅니다.

19. 모세관현상은 표면장력이 큰 물에서만 볼 수 있는가?

【문 제】

수은은 표면장력이 크므로 바로 구(球)가 된다. 그렇다면 수은에서도 모세관현상이 있는가.

● 오 답

> 모세관현상은 물의 특유한 것으로 다른 액체에서는 볼 수 없다.

갸피코 그렇지만 화장지로 수분을 흡수할 수 있어도 전에 체온계를 깨뜨렸을 때 수은 입자는 화장지로 닦아도 흡수되지 않은 기억이 있는데요.

미이코 그랬었나?

하아코 바셀린인가를 묻힌 종이로 닦으면 되던 것 같은데.

갸피코 그렇지만 실제로는 수은을 흡수하는 스포이트가 있데. 젖지 않으니 공기와 함께 흡수하는…….

마사카 교수 여러분들은 수은 스포이트를 본 일이 없지요? 자 보세요.

미이코   이렇게 가느다란 관이면 물도 모세관현상으로 따라 올라올 것 같은데.

하아코   그러니 역시 수은에는 모세관현상이 생기지 않을꺼야.

주해

　하나밖에 모르는 뭐란 식으로, 가는 관을 타고 물이 오르는 것은 '모세관현상'이라고 생각하는 것은 이들 세 아가씨들만은 아닐 터이지만, 이 유리관으로 '물이 타고 오르는 것'은 유리의 벽면이 물에 젖기 쉽기 때문에 일어나는 것입니다.

　물체의 표면에 물이 묻으면 큰 표면장력 때문에 밑에서 다른 물분자가 끌려 모여지니 관의 지름이 작으면 미량이라도 훨씬 위쪽까지 물이 올라가게 됩니다.

　섬유제품이나 흡수지, 화장지 등은 모두 가는 관의 집합체라고 볼 수 있으므로 물이 흡수되는 것은 당연지사로 여겨지나, 우산 등의 표면을 실리콘 등으로 방수처리하면 물이 방울이 되어 좀처럼 흡수되지 않는 것을 경험했을 것으로 여겨집니다.

　의당 우산 표면의 방수는 비닐우산과는 달리 전체를 물분자가 스며드는 틈도 없이 덮고 있는 것은 아니므로, 비오는 날에 오랫동안 옥외에 있으면 곧 우산 안쪽에 습기가 차게 되는 것을 알 수 있습니다. 수은은 유리와 친화성이 좋지 않으므로 벽면을 젖게 하는 일이 없습니다. 그러므로 수은 속에 유리관을 집어넣으면 역으로 관 속의 수은은 밑으로 내려갑니다.

또한 물과는 달리 수은은 불투명하므로 어느 정도 수은면이 낮아졌는지를 정확하게 관측한다는 것은 좀처럼 어렵겠습니다만, 가는 관 속을 액면이 상승하는 것만이 모세관 현상이 아닙니다. 이처럼 액면의 저하도 역시 같은 '모세관현상'의 일종입니다.

그렇다면 유리관 속에 물과 같이 수은이 가는 관 속을 올라가는 일은 있을 수 없다고 지레 짐작하는 사람도 있었을지 모릅니다. 사실 이 문제는 전기배선 때의 큰 문제였습니다.

수은은 상온에서 액체의 금속이므로 그 특징을 살려 전기회로에서도 제법 여기저기에서 쓰이지만, 수은과 보통의 회로를 연결하는 데가 문제입니다. 어쨌든 수은은 거의 모든 금속과 합금, 즉 '아말감(amalgam)'을 생성하므로 유리와는 친숙할 수 없으나 금속과의 친화성은 있습니다.

이전에 라디오 같은 것을 조립할 때 흔히 사용하였던 것으로, 주석이 섞인 구리줄을 태워 피복한 것이 있었습니다. 옛날 같으면 명주천이나 모면을 감았으며 전후부터는 비닐피복이 주류가 되었습니다만, 이 구리의 표면을 덮고 있는 주석은 수은과 매우 쉽게 아말감을 만듭니다.

자칫 수은더미에 주석이 섞인 구리선의 한쪽을 꽂아 놓고 별로 마음도 쓰지 않고 방치하였더니, 한참 후에는 구리선의 다른 한쪽 끝까지 수은이 올라와 납땜한 접점의 주석이나 납을 용해시키는 바람에 합선이 일어나 대참사를 일으킨 예가 있었다는 이야기를 들은 적이 있습니다.

이러한 장해를 피하려면 수은과 접촉하는 금속은 아말감이 만들어지지 않는 것으로 해야만 합니다. 이런 조건에 합치하는 것은 실제로는 수가 매우 적은데 철, 크롬, 니켈 정도밖에 없습니다.

프로토 스위치, 즉 일정한 수위가 지나면 전류가 차단되도록 고안되어 있는 개폐기에는 흔히 수은 스위치가 사용되고 있으나, 이런 것의 접점에는 유리관 속에 철이나 스테인리스의 전극을 넣어 수위에 따라 관의 기울기가 변하면 수은이 이동하여 개폐작용을 할 수 있도록 만들어져 있습니다.

20. 자석에 끌리는 것은 금속철만인가?

【문 제】

다음의 화학물질을 자석에 끌리는 것과 반발하는 것으로 구분하라.

① 액체산소　② 금속구리　③ 금속철
④ 벤젠　　　⑤ 자철광　　⑥ 황산구리
⑦ 얼음　　　⑧ 석영　　　⑨ 다이아몬드

● **오 답**

　자석에 끌리는 것은 금속철만이다. 그러므로 ③이하는 전부 반발한다.

갸피코　철이 자석에 붙는 것은 상식이지만, 다음은 모르겠는걸.

미이코　그렇지만 이처럼 많은 것을 제시하였으니 그 외도 아마 있을거야.

하아코　얼음은 자석에 붙지 않을 것 같은데, 이유를 물으면 곤란하지만.

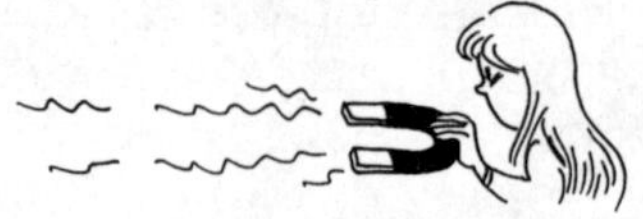

주해

보통 사람들은 '자석에 붙는' 것은 국민학교의 실험도구로 사용하는 작은 말굽 모양의 자석이나 막대자석에 찰싹 달라 붙는 것, 전자석이 달린 크레인으로 들어올리는 것만을 생각하는 것 같습니다. 실은 이러한 물질은 '강자성체(強磁性體)'라고 불리는 것으로 자석에 끌리는 것 중의 극히 일부에 불과합니다.

자성(磁性)의 본체는 물질 속의 전자입니다. 전자는 자기 모멘트를 갖고 있습니다. 이것이 결합을 형성하여 쌍을 이루면 이 자기 모멘트는 상쇄되지만 어중간한 상태―'부대(不對)전자'라고 합니다만―로 있으면 자성을 나타내게 됩니다. 이러한 물질은 '상자성체(常磁性體)'라고 합니다. 강자성체 정도는 아닐지라도 역시 자석에 끌립니다.

많은 전이금속 원소의 화합물은 상자성을 나타내지만 그 외에도 이산화질소같이 간단한 분자의 예도 몇 개가 알려져 있습니다.

간단한 무기화합물이나 보통의 유기화합물 중에는 결합한 전자가 2개로서 쌍을 이루어 자기 모멘트가 상쇄되어 있습니다. 이러한 것은 '반자성체(反磁性體)'가 되어 자석으로부터는 약하나마 척력을 받습니다.

전자의 자기 모멘트의 배열방법 여하에 따라 전체적으로 큰 자성이 생기는 것(강자성체)도 있습니다. 이것은 자기장에 대한 상호작용으로 비교하면 상자성체보다 각별하게 크므로, 보통의 약한 말굽형 자석―수십 가우스(G)에서 수백 가우스 정도의 자기장―으로도 분명하게 끌린다는 것을 알 수 있습니다.

상자성체에서는 수십 가우스 정도는 인력이 있어도 눈에 보일 정도로 큰 것은 아니지만 수천에서 수만 가우스의 강한 자기장에서는 엄청나게 큰 인력이 생겨 눈에 보일 정도로 끌리는 것을 알 수 있습니다. 물론 철 같은 강자성체에 비하면 받는 인력은 훨씬 작은 것이기는 하지만.

그러므로 문제의 아홉 가지 물질을 구분하면

강자성체는 금속철, 자철광(사산화삼철)

상자성체는 액체산소, 황산구리

반자성체는 금속구리, 벤젠, 물, 석영, 다이아몬드가 됩니다.

갸피코　산소도 자석에 끌린다니? 거짓말 같애. 믿을 수가 없어.

미이코　국민학교 때, 모래 속에 자석을 넣었더니 새까만 가루가 묻었는데, 사철(砂鐵)이라고 배운 것 같애.

하아코　우리집 할머니가 끼고 있는 자기목걸이는 도자기 비슷한데, 그것도 강자성체일까?

이 강자성이 출현하는 것은 특정한 물질에 한정되어 있으나, 또 한 가지 중요한 것은 열에너지와의 균형입니다.

온도가 높아지면 자기 모멘트의 방향은 열의 의한 교란으로 제멋대로 향합니다. 이렇게 되면 전체로서의 자화(磁化)가 감소되어 자성은 상실되고 강자성체인 철도 자석에 끌리지 않게 됩니다. 이 강자성을 상실하는 온도를 '퀴리온도(Curie temperature)'라고 합니다.

강자성을 나타내는 원소단위는 철이 매우 유명하지만 그 외에 코발트와 니켈이 예로부터 알려져 있습니다. 비교적 최근에 알려진 것에는 희토류원소 중의 가돌리늄이 있는데 이것은 퀴리 온도가 약 300K, 즉 실온 부근이므로 냉장고 속이라면 자석에 잘 붙지만 한여름의 옥외에서는 붙지 않는 이상한 일이 생깁니다.

강자성체는 여러 가지 용도가 있습니다만 그 중에서도 영구자석용 재료로는 최근에 이르러 여러 가지 것이 제조되기에 이르렀습니다. 자기 테이프나 프로피 디스크 등에 쓰이는 페라이트(아철산염)는 그야말로 뉴세라믹스의 기수이기도 합니다.

별로 알려져 있지 않는 상자성 물질로서 산소가 있습니다. 그 옛날 대학강의 때의 실기실험으로, 액체산소가 들어 있는 듀어병(실험실용의 보온병)을 천정에다 가는 실로 달아매 놓고 큰 자석을 가까이 갖고 가면 듀어병이 천천히 자석에 끌리게 되는, 약간 두려운 감도 생기게 하는 실험도 있었지만 구태여 액화시키지 않아도 산소가 상자성이란 것에는 변함이 없습니다.

이것을 이용한 것으로 혼합기체의 자화율을 측정하여 그 속의 산소함량을 구하는 분석법이 지금은 실용화되어 있습니다.

금속의 경우 알루미늄이나 크롬은 상자성체이지만 구리는 반자성체입니다. 그러므로 자기장 내에서 금속제의 재료를 쓰지 않으면 안될 경우에는 흔히 순구리 제품을 사용하게 됩니다. 즉 상자성체나 강자성체를 사용하면 국부적으로 자기장이 크게 비뚤어져 무엇을 하고 있는지 알 수 없기 때문입니다.

반자성체도 자력선의 형상을 변화시키지만 그 크기는 상자성체에 비하면 훨씬 작고 대부분의 경우는 무시할 정도의 값에 불과합니다.

백동화와 양산과 자석

과거 50엔 짜리는 니켈 화폐였으므로 보통의 말굽 모양 자석에도 꽤 강력하게 들어붙었습니다.

지금의 500엔 짜리와 그밖에 백동화(白銅貨)는 구리와 니켈의 합금(큐프로니켈)으로 되어 있어 보통의 장난감 자석에는 거의 붙지 않습니다. 그래서 백동은 전혀 자석의 힘을 받지 않는 것으로 오해하시는 분들이 흔히 있는데 이것은 보통의 자석으로서의 실험결과를 확대해석하기 때문인 것입니다.

여러 가지 물질의 자기적 성질은 앞에서 말한 바와 같이 몇 가지로 분류할 수 있으나 철이나 코발트 등의 '강자성체'라 불리는 것은 비교적 약한 자석에도 큰 힘으로 끌어당겨집니다. 금속구리나 보통의 유기화합물은 역으로 자석에서 멀어지는 것 같은 힘을 받는데, 이런 것들은 '반자성체'입니다.

그런데 이런 것 이외에 철 정도는 아니지만 역시 자석에 끌리는 종류의 물질이 존재하며, 이런 것들은 '상자성체'라 불립니다.

앞에서 말한 구리와 니켈의 합금은 니켈의 비율에 따라 자성이 연속적으로 변화하는데, 화폐용의 큐프로니켈은 뚜렷한 상자성체이며, 강력한 자석(1테라스, 즉 1만 가우스 이상)이라면 보아서 알 수 있을 정도의 상당한 인력을 받습니다. 우주선의 내부같이 무중력 상태라면 이 정도의 상자성이라도 자석에 붙게 될 것입니다.

오직 '자석에 들어붙는다'라는 말을 말굽모양 자석이라도 지구의 중력에 역행하면서까지 들어올릴 정도의 강한 인력을 나타내는 것이라고 좁게 해석한다면, 이 말은 강자성체에 한해 해당하게 됩니다. 그러나 지구의 인력이 무시될 수 있는 경우에는 이 상자성체의 경우에도 눈에 보일 정도의 인력이 있게 마련입니다.

현재 우리는 몇 만 가우스라는 꽤 강력한 자석을 만들 수 있습니다. 이런 강력한 자석이 있는 실험실에 드나들 때에 순구리제품 같은 반자성의 것은 상관없지만, 백엔 짜리 동전이라도 때로는 무시할 수 없을 정도의 상호작용을 받으므로 될 수 있는 대로 주머니 속을 비우도록 해야 합니다.

그렇지만 상자성체는 자기장에서 멀어지면 원래 상태로 돌아가 영구적으로 자화되는 일은 없습니다.

나고야(名古屋) 근처의 어느 대학의 도서관에서 자기를 이용한 서적등록·대출절차를 적용하였더니, 백엔 짜리 금속화폐가 몇 개 주머니 속에 있으면 책의 무단지출과 같이 검지기가 반응하므로 무고한 오해를 받은 이용자가 속출하였다는 이야기를 들은 적이 있습니다. 백동화가 자석과 작용한다는 것은 이것으로도 알 수 있습니다.

또 한 가지 무고한 오해의 원인으로 된 것은 어느 회사 제품의 접는식 우산인데, 지금은 양산의 대는 거의가 대만에서 오는 듯한데, 특정 생산품 속의 것만이 반응한다는 것을 알게 된 것 같습니다.

21. 고급알코올은 고급인가?

【문 제】
고급알코올이란 어떤 것인가

● 오 답

> 브랜디인 '나폴레옹' 같은 고급알코올 음료에 포함되는 알코올을 말한다.

갸피코 이 답이 어째서 잘못된 거지요?

마사카 교수 여러분들은 매일 아침 샴푸로 머리를 감지요? 그런데 샴푸 병에는 '고급알코올계 세제 배합'이라고 적혀 있지 않나요?

미이코 글쎄 아침에 머리 감을 때 나폴레옹 냄새는 나지 않던데.

하아코 그렇게 비싼 술로 머리 감으면 좀 예뻐질지도 모르겠는걸.

주해

　화학에는 '제1급 알코올'이니 '제2급 알코올'이니 하는 표현과 '고급알코올'이라는 표현법이 있는데 앞에서의 '제○급'이라는 것과 나중의 '고급'알코올과는 전혀 다른 개념인 것입니다.

　고급이니 저급이니 하는 것을 구분하자면 유기화합물 중에서도 탄소가 길게 이어진 사슬모양의 골격을 이루고 있을 때에 탄소수가 많은 것을 '고급'이라 하고 탄소수가 적은 것을 '저급'이라고 하게 되어 있습니다.

　특별히 알코올에 한하지 않고 탄화수소에서도 카르본산에서도 같은 식으로 사용합니다만 샴푸 등에 배합되어 있는 '고급알코올계 계면활성제'는 라우릴황산나트륨(도데실황산나트륨)이며, 탄소수가 12인 알코올의 황산에스테르인 나트륨염일 것입니다.

　탄소수가 가장 많은 C_{16} 혹은 C_{18}의 곧은 사슬의 알코올인 세틸알코올, 스테아릴알코올 등은 가장 '고급'인 알코올에 속합니다만, 이것에 비하면 에틸알코올은 탄소가 2원자밖에 없으므로 훨씬 '저급'한 알코올이라고 말할 수 있습니다.

　아무리 고급 위스키나 브랜디에 함유되어 있다 해도 화학적 척도로 보는 한에 있어서는 에틸알코올은 별로 고급한 알코올이라고는 말할 수 없습니다.

　이것과는 별도로 제1급 알코올, 제2급 알코올, 제3급 알코올이라고 부르는 방법도 있으나 이것은 영어의 'primary alcohol', 'secondary alcohol', 'tertiary alcohol'에 해당합니다.

　OH기(수산기)가 붙어 있는 탄소원자에 2개 이상의 수소원자가 결합하여 있는 것이 제1급 알코올, 1개의 수소원자만 있고 탄소가 그 밖에 2개 결합하고 있는 경우가 제2급 알코올, 수소원자가 없고 탄소원자가 3개 결합하고 있는 경우가 제3급 알코올인 셈이 됩니다.

요즘은 앞에서 갸피코내들이 겪은 혼란을 피하기 위해 '제1알코올', '제2알코올' 같은 식으로 말하기도 합니다만 아직 전체적으로 그런 것은 아니고, 반대의견도 있습니다.

메틸알코올이나 에틸알코올, 프로필알코올은 모두 제1급 알코올입니다만 물 티슈 등에 사용되는 이소프로필알코올은 가장 간단한 제2급 알코올의 보기입니다.

이런 것들은 역시 구조식을 쓰지 않으면 알기 어렵다고 여겨지므로 다음 페이지에 그 예를 적었습니다. 여기서 R은 알킬기—메틸기, 에틸기를 일괄하여 표현하고 있습니다—를 나타내는 기호입니다. R′라든가 R″라는 것은 다른 알킬기를 가리킵니다.

탄소는 최대결합수가 4이므로 제4급 알코올이라는 것은 존재하지 않습니다. 또한 이 경우에는 "제1급 알코올이 제2급 알코올보다는 고급이다"라는 말은 있을 수 없습니다.

이러한 분자구조의 차이는 여러 가지 반응성의 차이로서 나타나지만, 가장 잘 알 수 있는 것은 과망간산칼륨과 같은 강산화제로 알코올을 산화하였을 경우입니다.

제1급 알코올은 산화되면 알데히드($RCHO$)로 되나 제2급 알코올은 케톤($RCOR′$)이 됩니다. 그러므로 프로필알코올(C_3H_7OH)을 산화하면 프로피온알데히드(C_2H_5CHO)가 되지만, 이소프로필알코올[$(CH_3)_2CHOH$]의 산화로는 아세톤(CH_3COCH_3)

이 생기고 알데히드는 생성되지 않습니다.

　제3급 알코올은 좀처럼 산화되지 않으나 최종적으로는 분해하여 더욱 저급한 알데히드와 케톤으로 됩니다. 즉 탄소끼리의 결합을 절단하게 되는 것입니다.

제1급 알코올	제2급 알코올	제3급 알코올
RCH_2OH	$RR'CHOH$	$RR'R''COH$
↓ 산화	↓ 산화	↓ 산화
$RCHO$	$RCOR'$	$RCOR'$＋알데히드

22. 실리콘과 실리코온은 다른가?

【문 제】
단체(單體)의 규소의 용도에 대해 설명하라.

● 오 답

> 전자재료 외에 표면처리, 윤활제나 발수제에 사용된다.

갸피코 실리콘 밸리(Silicon Valley)라는 데가 캘리포니아인가 어디에 있다던데, 실리콘 방수의 레인코트 같은 것을 만드는 곳이 아닐까?

미이코 스키에 실리콘 왁스를 바르면 좋다고 부하 선배가 가르쳐 주던데.

하아코 신간선 열차가 달리는 것도 실리콘 정류기로 교류를 직류로 전환시켜야 가능하다고 전기선생님이 말했어.

주해

영어에서는 액센트가 다르므로 혼동할 염려는 없으나 우리 말에서는 장음에 따라 혼란을 피할 수 있습니다.

화학의 세계에서는 원소명은 '규소'라 하고 고무나 폴리머는 '실리코온'이라 하여 될 수 있는 한 혼동하지 않도록 하고 있으나, 영어로는 전자가 'silicon', 후자가 'silicone'입니다. 특히 전자공학 등의 분야에서는 자주 혼동이 생기기도 합니다.

갸피코내들의 말에서 실리콘 밸리와 실리콘 정류기는 '규소'의 뜻이지만 '실리콘 왁스'만은 '실리코온 왁스'인 것입니다. 규소를 함유하는 고분자 재료는 아래와 같은 골격의 폴리머가 '실리코온'이란 것입니다.

$$-O-\underset{\underset{CH_3}{|}}{\overset{\overset{CH_3}{|}}{Si}}-O-\underset{\underset{CH_3}{|}}{\overset{\overset{CH_3}{|}}{Si}}-O-\underset{\underset{CH_3}{|}}{\overset{\overset{CH_3}{|}}{Si}}-O-\underset{\underset{CH_3}{|}}{\overset{\overset{CH_3}{|}}{Si}}-O-$$

이 골격의 폴리머는 탄소 골격의 폴리머에 비하면 각별하게 고온에 견딜 수 있는 능력이 크고 또한 연소되는 일도 우선 없습니다. 그러므로 보통의 고무 등으로는 분해되어 버려 쓸 수가 없는 장소에서 탄력성이 필요할 경우에는 이 실리코온 폴리머를 주성분으로 하는 실리코온 고무가 사용될 수 있는 것입니다.

또한 물과의 친화성이 덜한 점도 탄화수소와 같습니다만 실리콘은 Si-O라는 원자단을 섬유 표면에 있는 수산기나 아미노기와 결합시키는 것이 가능하므로 레인코트나 우산 표면에 뿌려 실리코온 방수 처리에도 흔히 쓰입니다.

그런데 사실상의 실리코온 폴리머에 의한 방수가 아니고 '트리메틸시릴화'라고 불리는 별도의 처리, 즉 $(CH_3)_3Si$ 원자단의 도입에 의해 표면의 친수성 원자단 다시 말해 수산기나 아미노기를 파괴하기도 하므로 규소를 함유한 원자단과 결합한다는 뜻이라면 '실리콘 방수'로서 틀린 것이라고는 말할 수 없을지 모릅니다. 그러나 지금과 같은 처리가 이루어지는 것은 다른 특수한 용도—가령 아미노산 같은 불휘발성물질을 기화시켰을 때—나 유리의 표면처리 등에 한정되어 있는 것 같습니다.

전기나 전자재료 면에서는 보통의 화학연구실에서 사용하고 있는 것보다 훨씬 고순도로 정제한 규소의 뜻으로 '실리콘'을 사용하는 일이 많은 것 같습니다. 얇은 판상의 규소 단결정인 '웨이퍼(wafers)'는 과자의 '웨이퍼'와 같은 발음, 같은 철자이므로 '실리콘 웨이퍼'라고 하지 않고서는 통용되지 않습니다.

그런데 이 '고순도의 실리콘'에서 문제가 되는 것은 Ⅲ족이나 Ⅴ족의 원소 불순물입니다. 이것이 과잉한 전자(음공)나 부족한 전자(양공)을 만드므로 반도체로서의 성질을 크게 좌우하게 되나, 같은 Ⅳ족의 원소나 용해되어 있는 희유기체 등은 지금의 반도체로서의 성질에는 거의 영향을 미치지 않습니다.

퍼센트로 나타내면 99.99999999%의 순도라는 것은 이러한 Ⅲ족이나 Ⅴ족 원소의 존재량을 조사하여 100%에서 공제하고 남은 값입니다. 즉 양공이나 음공을 부여하는 불순물의 함량이 1억분의 1% 이하라는 뜻인 것입니다.

23. 나일론은 철보다 강한가?

【문 제】

합성섬유는 천연섬유보다 강도가 뛰어나다는 것은 옳은 말이다.

● 오 답

> 꽤 오래 전에 만들어진 나일론도 철보다 강한 섬유였으므로 지금은 더욱 강한 합성섬유가 만들어지고 있다.

갸피코 거미줄같이 가늘고 철사보다 강하다는 선전이 있었지.

미이코 거미줄이 어떤지는 모르나 틀림없이 ·철보다는 강하지 않지.

하아코 그래, 강한 것은 양말과 여성이라 하잖아. 나일론은 확실히 튼튼하니 틀림없이 철보다 강할꺼야.

주해

'거미줄보다 가늘고 철보다 강하다'는 것은 나일론을 세계에서 최초로 발매한 미국 듀퐁사의 선전문구로서 전세계를 풍미했던 말입니다. 그렇다면 정말로 강할까요?

이럴 경우에는 도대체 무엇으로 비교하느냐가 문제인데 아무래도 섬유이므로 인장강도가 제일 좋은 척도가 될 것입니다.

마사카 교수 여기에 「이과연표」가 있으니 각자 조사해 보시오.

가피코 「이과연표」란 무엇입니까?

미이코 도쿄 천문대가 발행하고 있으니 일식이니 헬리혜성 같은 것이 적혀 있는 것이지요.

하아코 (잠시 펼쳐 보고) 야! 굉장히 힘든 숫자만이 적혀 있지 않아. 전혀 알아 볼 수 없는걸.

마사카 교수 큰일났군. 아무리 여러분들이 이과를 싫어한다 해도 이것까지 멀리하면 요트나 등산도 할 수 없지요.

가피코 '왜요?'

모토이 교수 바닷물의 간조라든가 연간 최대풍속 같은 것의 각지의 상세한 자료가 적혀 있어요. 바다에 놀러가려면 만조나 간조 시간 정도는 알고 있어야 할 것 아니겠어요. 만조 때에 조개를 주울 수는 없지 않아요?

미이코 그렇군요.

어쩐지 이 세 아가씨들에게는 모처럼의 귀중한 자료집도 아무렇지도 않은 것 같습니다. 이 「이과연표」에는 여러 가지 재료의 인장강도도 간단한 표로 요약되어 있습니다.

그 속에서 견사와 거미줄, 나일론, 철사의 자료를 발췌해 보았습니다. 단위는 파스칼입니다.

재료	인장강도(억 Pa)
견사	2.6
거미줄	1.8
나이론 66	0.62~0.83
철선(연철)	4.6
철선(피아노줄)	18.6~23.3

역시 뭐라 해도 철은 강합니다. 철보다 강한 섬유로서는 나일론은 아직 못 미치지만 같은 듀퐁사가 우주재료로서 개발한 '케블러(kevlar)'라는 새로운 합성섬유는 방향고리를 함유하는 폴리아미드로 파라페닐렌디아민과 테레프탈산으로 되어 있는데 이 섬유의 인장강도는 연철의 150% 정도까지도 있습니다.

우주기지 등을 장래 구축할 경우 지구의 중력에 역행하여 지상에서 가지고 가서 만든다면 가능한 한 저밀도이고 겸해서 고강도의 것이 요구될텐데 이 케블러 등이 유력한 그 후보가 될 재료입니다.

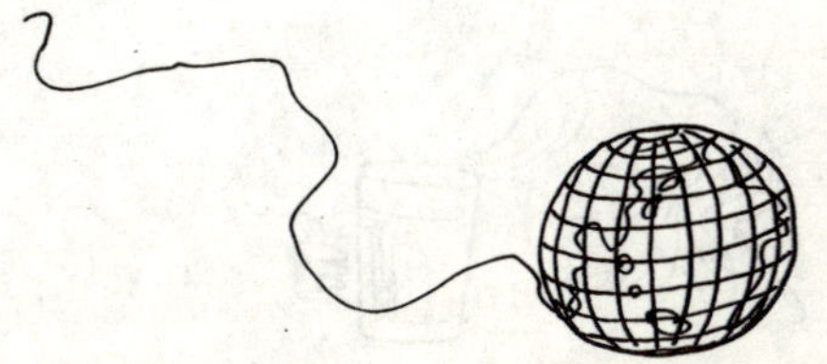

24. 클로로포름과 트리할로메탄은 별개의 것인가?

【문 제】

트리할로메탄은 어떤 것이며 어디에 쓰이는가.

● 오 답

> 액체의 유기화합물이며 용매로서 우물에서 클로로포름을 제거하는 데 쓰인다.

갸피코 요즘 우물물이 클로로포름으로 오염되었다는 말을 들었어.

미이코 그런데 클로로포름이란 것은 마취약으로 쓴다고 하던데.

하아코 유사 홈스물 소설에서에서도 등장하지만 트리할로메탄은 못 봤는데.

주해

신문지상에 가끔 나오는 '트리할로메탄'은 유기화학의 명명법으로는 트리-할로-메탄, 즉 메탄(CH_4)의 수소를 3개까지 할로겐으로 치환한 화합물군을 나타내는 것입니다.

이전에 약으로서 사용된 황색 분말의 요오드포름이나 광물의 비중선광(比重選鑛)에 사용되기도 하는 클로로포름 등 CHX_3라는 형태로 표현되는 화합물을 말하는 것입니다. 물론 이 X는 전부가 반드시 동일한 할로겐일 필요는 없습니다.

○○포름(…form)이라는 명칭은 이 할로겐원자를 가수분해에 의해 전부 수산기(OH원자단)로 치환하면 포름산, 즉 fermic acid가 되기 때문입니다. 이때 생기는 것은 '오르토포름산'이라 불리는 것으로 즉시 물분자가 제거되어 보통의 포름산이 됩니다.

같은 탄소원자에 2개 이상의 OH기가 결합하고 있는 화합물은 소수의 예외를 제외하곤 매우 불안정하여 즉시 탈수반응이 생겨 알데히드나 케톤 같은 카르보닐 화합물로 변하고 맙니다. 3개의 OH가 붙은 것은 카르본산으로 변합니다.

물론 이 명칭은 경우에 따라서는 약간 확대해석되어 X가 NO_2, 즉 니트로기의 화합물 다시 말해 트리니트로메탄인 것을 '니트로포름'이라고 부르기도 합니다.

그런데 이 트리할로메탄 중에서 가장 흔하게 볼 수 있는 것은 아무래도 클로로포름입니다.

이것은 지금으로부터 150년 전쯤에 유기화학의 아버지라고도 불리는 독일의 리비히가 에틸알코올을 표백분(차아염소산칼슘)으로 산화하여 처음으로 합성한 것인데 곧이어 스코틀랜드 에딘버러대학의 심프슨에 의해 클로로포름의 마취작용이 외과수술에 이용되어 유명하게 되었습니다. 또한 당시의 빅토리아 여왕이 클로로포름의 도움으로 무통분만으로 왕자를 출산하여, 고지식한 성직자들이 마취약으로서의 사용에 의의를 제기하지 않게 되었습니다.

'세계에서 가장 고귀한 실험동물……빅토리아 여왕'이란 농담섞인 기사가 있을 정도였습니다.

현재는 그 외에도 우수한 마취약이 다수 개발되어 마취약으로서의 클로로포름의 이용은 주로 싸구려 추리물 속에서나 등장하지만, 여러 가지 유기화합물에 대한 용해성이 매우 뛰어나므로 사염화탄소와 같이 연구실이나 공장 등에서는 꽤 대량으로 사용되고 있습니다. 그런데 공장에서는 소홀하게 다루어 이전에는 아무렇지도 않게 하수로 흘려보내거나 혹은 지면에다 버리기도 했던 것 같습니다.

클로로포름도 양이 적다면 이렇게 다루어도 미생물이나 자외선의 작용으로 분해되어 지하수로까지 혼입하는 일은 없었겠지만, 대량으로 되면 아무래도 자연계의 정화능력을 능가하게 됩니다. 물에는 원래 거의 혼합되지 않으나, ppm(100만분의 1)의 자릿수가 되면 이야기는 달라집니다.

상수 중의 클로로포름이 문제가 되는 것은, 이것이 섞여 있을 정도라면 반드시 다른 공업에 의한 유해오염물질도 혼합되어 있을 위험성이 있다고 보여지는 점입니다.

이것은 해수욕장의 대장균과 같습니다. 대장균 자체는 별로 인체에 유해하지 않으나 이것이 검출될 정도라면 인간의 배설

물이 섞여들어가 있을 가능성이 있다는 것과 더욱 유해하고 위험한 박테리아가 함께 섞여 있을 가능성이 분명하다는 것입니다.

그러므로 '트리할로메탄'은 클로로포름이나 브로모포름 등을 함유하는 1분자당 탄소원자 1개, 수소원자 1개, 할로겐원자 3개를 함유하는 화합물의 총칭이므로, 이전에 어느 신문에 실렸던 "클로로포름을 사용하여 상수 중의 트리할로메탄을 추출 정량한 결과……"와 같은 기사는 전혀 맞지 않는 내용이 되는 셈이지요.

이러한 시험을 할 때는 파라핀계의 탄화수소로서 순품을 구하기 쉬운 노르말헥산이 사용되는 것이 보통입니다.

연속적으로 클로로포름 증기에 노출되면 결국 간장 장애가 생긴다는 것이 알려졌으며 발암성이 있다 하여 문제가 된 일도 있었습니다. 그러나 보통사람이 그처럼 항상 클로로포름을 흡수하기란 추리소설 속 이외에는 거의 없을 것입니다.

각지의 수도국에서는 상수원지에서 트리할로메탄이 검출되면 그 즉시 취수제한이 되어 다른 곳으로부터 물을 공급받게 되어 있을 것입니다.

물론 트리할로메탄 같은 물질은 물보다 증기압이 높으므로, 물 속에서 공기로 기포를 발생시키면 기포와 함께 거의 제거되므로 최근에는 전과 같이 신경을 쓰지 않는 것 같습니다. 차라리 이것과 공존하면서 공기로 기포를 발생시킬 정도로는 제거되지 않는 것을 조사하는 것이 중요할 것입니다.

그렇지만 이들 정체불명의 것에 대한 대책은 실제로는 매우 어려운 일로서 생물계에 대한 영향도 거의 알려져 있지 않은 것이 현실입니다.

25. 시금치에는 옥살산이 함유되어 있으니 해로운가?

【문 제】

옥살산의 화학적 성질에 대해 아는 바를 적어라.

● 오 답

> 시금치에 함유되어 있는 유해한 화합물이다.

갸피코 옥살산이 몸에 들어가면 여기저기에 결석이 생기니 위험하다고 들었어.

미이코 강한 산이니 위벽이 녹지 않을까?

하아코 글쎄 말이야.

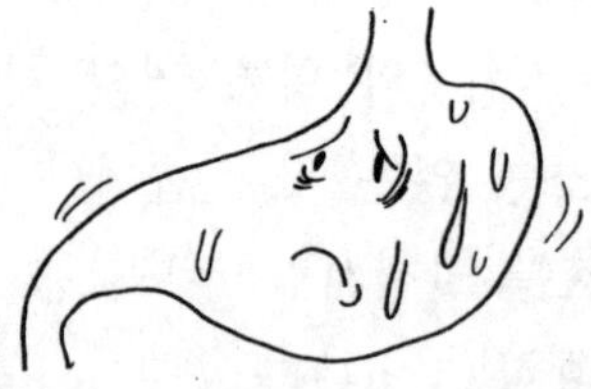

주해

　옥살산(oxalic acid)은 괭이밥 같은 야초에 함유되어 있습니다. 영어나 독일어는 스웨덴의 쉘레가 처음으로 단리하였을 때의 원료인 괭이밥의 학명인 *Oxalis corniculata*에서 유래하는 명칭이 사용되고 있습니다.

식물, 특히 야초의 신맛은 옥살산에 의한 것이 많고 수영 등에는 꽤 많이 함유되어 있으나, 한꺼번에 대량으로 먹는 것도 아니므로 그렇게 몸에 나쁠 수는 없습니다.

보통의 유기산은 염산이나 질산 같은 무기산─옛날에는 '광산(鑛酸)' 즉 mineral acid라고 했습니다─에 비하면 매우 약한 것입니다. 물론 무기산 중에도 붕산이나 플루오르화수소산 같은 약한 산도 많이 있습니다만 옛날부터 알려져 있는 것은 대부분이 오늘날의 '강산'에 속하는 것만입니다.

옥살산은 유기산 중에도 매우 강한 산이며 옛날에는 목재를 잿물로 씻은 후 중화시키기 위해 옥살산의 수용액을 사용하였습니다. 극약이지만 위벽에 구멍이 뚫리게 하려면(?) 상당히 많은 양을 마셔야 할 것입니다.

산으로서의 성질에 더하여 환원제로서 사용되는 때가 많고 섬유의 표백제나 수지의 박리제에는 이 환원성과 산으로서의 성질 양쪽이 이용됩니다.

잉크 지우기나 녹 지우기 혹은 금속제품 표면의 세척에는 옥살산의 또다른 성질인 킬레이트 착체 형성작용이 이용됩니다.

철의 산화물은 좀처럼 물에 잘 녹지 않으므로 깨끗하게 제거한다는 것은 매우 어렵습니다. 옥살산과 3가의 철의 착체는 엷은 녹색으로, 농도가 별로 높지 않으면 거의가 무색의 수용액이 됩니다. 자동차의 라디에이터 세척에도 이용됩니다.

식물 중에는 조금 전에 말한 수영같이 유리된 옥살산 그 자

체를 함유하고 있는 것보다, 옥살산의 염을 함유하고 있는 것
이 많습니다.

지금의 시금치도 그 예인데, 수영을 아이들이 그냥 먹는 것
과는 달리 생으로 된 시금치는 대단한 채식주의자나 자연식품
애호가가 아닌 이상 그냥 먹지는 않습니다. 국이나 무처서 어
떻게든 조리를 한 다음이면 신체에 해가 될 것은 없습니다.

특히 전자렌지에서 가열처리한 것만으로는 조리했다고 할
수 없겠으나, 최근의 요리책에는 '물에 씻어서 쓴맛을 없애라'
고 되어 있는데 이 처리로서 옥살산은 제거되겠지만, 그 정도
라면 옛날식대로 물에 담구어 두는 편이 오히려 낫다고 봅니다.

옥살산칼슘을 함유하는 식품 중에서도 유명한 것은 배입니
다. 영어로는 sand pear라고 할 정도이니 그 독특한 바삭바삭
한 미각은 옥살산칼슘을 함유하는 석세포(石細胞)가 존재하기
때문입니다.

옥살산의 존재 때문에 시금치를 위험시하는 미국의 자연식
품 애호가들은 요즘은 미용식으로서 배를 먹는다는 신문기사
가 있었고 수출도 매년 증가한다고 하는데 어쩐지 모순된 행
동처럼 보이는 것은 이쪽 마음이 비틀어져 있기 때문이지요.

위 속에서 옥살산칼슘은
용해되므로 사람의 신체로
는 소화기 중에 옥살산이
들어간 것에는 변함이 없
는데도 말입니다.

26. 리신은 필수아미노산인가?

【문 제】
필수 아미노산이란 어떤 것인가.

● 오 답

> 인체가 체내에서 합성할 수 없는 아미노산 중 리신이나 페닐알라닌, 트립토판 등 유해한 아미노산을 제외한 것을 말한다.

갸피코 몸에 해롭다면 구태여 밖에서부터 보급하지 않아도 무방하지 않아요?

미이코 리신 첨가 반대운동인가 하는거 어딘가의 사친회에서 열심히 하고 있지 않았던가?

하아코 몸에 나쁘다는 것이 꼭 필요할 까닭은 없겠지.

주해

생물은 자신의 생명을 존속하기 위해 외부로부터 영양원을 보급받고 있는데 대부분의 화합물은 체내에서 다른 것으로부터 합성하여 충족시키고 있습니다. 그러나 그 중에는 자체에서 도저히 합성할 수 없는 것이 있는데, 이러한 것은 어떠한 형태로든지 대부분은 식품으로서 섭취하여야 합니다.

영장류와 모르모트만은 체내에서 아스코르브산을 합성할 수 없으므로 먹이에 비타민 C가 부족하면 괴혈병이 생기는 일이 있습니다. 이처럼 무엇이 필요 불가결한 것인가는 생물종에 따라 다릅니다.

단백질의 구성성분인 아미노산도 체내에서 상호전환할 수 있는 것과 할 수 없는 것이 있습니다. 할 수 없는 것은 식품으로서 섭취해야만 합니다. 이것이 '필수아미노산' 혹은 '불가결아미노산'이라고 불리는 것입니다.

참으로 전혀 체내에서 합성되지 않는지 어떤지는 이론(異論)도 있으나, 가령 다른 아미노산으로부터 합성된다 하여도 신체가 필요로 하는 정도의 양이 생기지 않는 것은 확실합니다.

예를 들면 티로신은 보통의 사람이면 체내에서 페닐알라닌에서 합성되므로 특별하게 음식으로서 섭취하지 않아도 별로 결핍증이 나타나는 일은 없습니다. 그러므로 티로신은 필수아미노산이 아닙니다.

한편 페닐알리닌은 생명의 유지에는 없어서는 안되는 것인데, 이것을 티로신으로 전환하는 효소(페닐알라닌-4-히도록 시라아제)가 선천적으로 결핍하면 티로신이 생기지 않아, 다른 대사계에 의해 유해한 '페닐케톤'이라고 총칭되는 일련의 화합물군이 생겨 뇌 장해를 일으키는 일도 있습니다.

다니엘 키이스의 『아르쟈농에 꽃다발을』에서는 주인공이 이 페닐알라닌의 대사이상 결과로 지능장해가 되는 상황을 설정하고 있습니다.

페닐알라닌은 최근의 인공감미료 '아스파르템'의 성분이기도 합니다. 사람의 모유에는 다량으로 함유되어 있으나 성인의 보통 식사에는 그리 많은 양이 함유되어 있지는 않습니다.

완전히 페닐알라닌이 제외된 식사를 하면 이것으로 체내에서 합성되는 아드레날린이나 도파(DOPA : 디히드록시 페닐알라닌) 등이 공급되지 않으므로 결국 결핍 증상이 나타납니다.

리신(lysine)은 아주까리의 유독(有毒) 단백질인 리신(ricin)과 혼동되어 혼란을 일으킬 염려가 있습니다. 트립토판이 유해하다는 것은 최근에 자주 신문기사 등에도 등장하나, 리신에 관한 소동은 실은 꽤 이전부터 있어 왔습니다.

이것은 근거가 희박한데 학교급식 빵에 필수아미노산인 리신을 강화하려는 시도에 대한 반대론이 원인이었습니다. 말하자면 리신 속에 벤조피렌(benzopyrene)이 혼입되어 있으니 유해하다는 것이 논거였던 것입니다.

이러한 논거는 리신에 대해 잘 알지 못하고 하는 소리로서 무엇인가 다른 의도가 있어 고의로 이러한 설이 유포된 것이 아닐까 하는 식자도 꽤 있었습니다만, 가령 정체불명이라 해도 '위험하다'느니 '해롭다'느니 하는 사람을 상대로 하여서는 최면술이라도 걸지 않는 한 아무리 애써 설득을 하여도 이해시키기란 어려울 것입니다.

어째서 리신을 강화하려고 하였는가 하면 쌀의 단백질에는 리신이나 아르기닌 등의 염기성 아미노산이 비교적 풍부하므로 필수아미노산의 필요량을 충족하기 쉬운 데 비해 소맥단백질은 이것이 부족하기 쉬우니 보충하고자 했던 것이었습니다.

트립토판도 이것이 부족하기 쉬운 식사를 하고 있는 사람에 대한 필수아미노산 보급을 목적으로 제제가 판매되고 있으나 이런 종류의 '필수아미노산'을 지나치게 안전한 것으로 믿고 대량으로 복용하는 사람들이 있는데, 그 결과 영양장애를 일으키는 것은 다른 아미노산이나 비타민도 역시 마찬가지입니다.

사용법을 잘못 안 사람들로부터의 불평도 미국 등에서는 필요 이상으로 과대하게 취급하여 역효과만이 강조되는 일이 흔히 있으므로, 그런 점까지 고려하여 사용하려면 단서가 필요하며 그렇게 되면 필요 이상으로 공포감을 부추기는 결과가 될 것입니다.

사람의 경우 필수 아미노산의 리스트를 다음에 적어 둡니다. 성인이면 다음의 8종류입니다.

류신	이소류신
리신	발린
트레오닌	메티오닌
페닐알라닌	트립토판

유아라면 이밖에 히스티딘이 필요합니다.

27. 알코올 램프의 안전한 취급방법은?

【문 제】

요즘 국민학교에서 알코올 램프가 폭발하여 아이들이 다친다는 사고가 자주 신문에 보도된다. 어떻게 하면 막을 수 있다고 생각하나.

● 오 답——①

사용하고 나면 일단 뚜껑을 덮고, 그 다음에 뚜껑을 여는 것이 중요하다.

● 오 답——②

교실의 창문을 모두 열고 공기의 유통이 잘 되게 하면 폭발은 일어나지 않는다.

어느 이과교육계의 대권위자가 감수한 정평이 있는 실험서에도 이 「오답-①」과 똑같은 주의서가 적혀 있는 것을 보고 깜짝 놀란 일이 있는데, 알코올 램프의 입구가 어떻게 되어 있으며 옛날과 지금하고는 매우 달라졌다는 것이 대선생님에게까지 전해지지 않은 것으로 여겨집니다.

알코올 램프의 폭발사고가 생기는 것은 램프 속의 공기와 알코올 증기의 혼합물이 대량으로 충만하고 있는 때이므로 사용하면 바로 뚜껑을 씌워 램프 내의 알코올이 휘발하지 못하도록 하고, 사용 직전에 될 수 있는 한 알코올을 가득 채워 내부에 가능한 한 공기가 남지 않도록 사용하는 것이 무엇보다 중요한 점입니다. 그러므로 「오답-②」같이 교실을 환기하여도 알코올 램프 속까지는 영향을 미치지 못하는 것입니다.

최근 유행하는 파티용 물품 중에는 예쁜 불꽃을 내는 '컬러 캔들'이라는 것이 있습니다. '캔들'이라고는 하지만 실제는 초가 아니고 알코올 램프인데, 염색반응을 이용하여 적색이나 녹색, 황색의 불꽃을 내는 것입니다. 적색 램프에서 청색불꽃, 녹색의 액체가 들어 있는 램프에서는 황색의 불꽃 식으로, 액체의 색과 불꽃의 색이 다르도록 조합하여 있는 것이 매우 애써 고안한 것 같습니다.

이 '캔들'에는 플라스틱제의 나사 뚜껑이 달려 있습니다. 불꽃을 끌 때는 뚜껑을 씌워야 하는데, 나사 뚜껑이므로 꺼진 후에는 입구의 유리가 냉각할 때까지 잠시 뚜껑을 닫지 말아야 합니다. 그렇지 않으면 열로 팽창한 입구의 나사가 뚜껑의 암

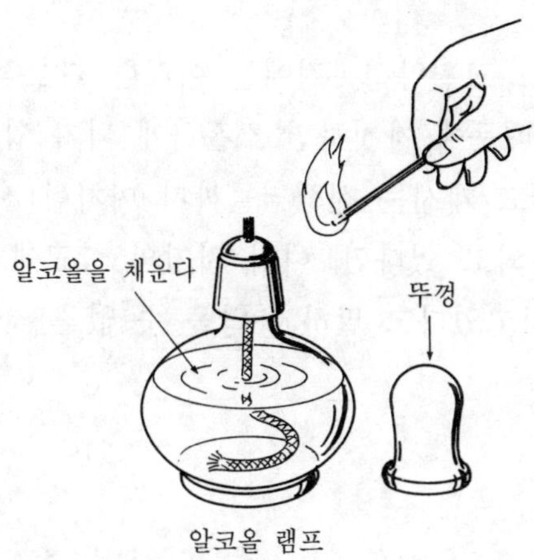

나사와 제대로 들어 맞지 않게 되므로 꼭 뚜껑을 맞출 수도 없으며, 속의 알코올이 흐르거나 휘발하기도 하여 소실하게 됩니다.

아까 말씀드린 이과교육계의 대권위자가 감수한 실험서는 이러한 나사뚜껑의 알코올 램프라면 분명히 바른 지시가 적혀 있다고 할 수 있습니다.

그러나 요즘 학교 실험실에는 이러한 구식 나사뚜껑의 알코올 램프가 심지어 국민학교 실험실에도 거의 존재하지 않습니다. 판매되는 알코올 램프의 카탈로그에도 특수 용도 이외는 씌우는 뚜껑이 아닌 것은 찾아 볼 수 없습니다. 그러므로 열팽창 때문에 뚜껑이 닫히지 않는다는 일은 있을 수 없습니다.

입구가 수축하면 크고 무게가 있는 뚜껑은 더욱 밑으로까지 내려가 저절로 단단히 뚜껑이 닫혀집니다.

사고방지를 위해서는 사용 직전에 연료용 알코올을 채우고 교실 밖으로 갖고 나가는 기본적인 버릇을 가르치는 것이 훨씬 중요합니다.

현재의 국민학교 교원양성과정에는 이러한 기초적인 상황이 과밀한 커리큘럼 때문에 자칫하면 소홀하게 되기 쉽습니다.

이미 교편을 잡고 계시는 선생님들까지 이처럼 시대에 뒤떨어진 지침이 통용되고 있다면, 여기 저기의 학교에서 생긴 사고는 생길 만한 사고였다고 말하지 않을 수 없을 것 같습니다.

28. 생약과 한방약은 다른가?

【문 제】

'생약'이란 어떤 것을 말하는가. '한방약'과 어떻게 다른가.

● 오 답

> 글자 그대로 생으로 된 초목, 즉 식물에서 만들어진 것을 생약이라 한다. 옛날식으로 표현하면 '초근목피'(草根木皮)만이 생약이다.

갸피코 텔레비전 광고에서도 탈렌트가 "한방이니 안전하다"고 말했어.

미이코 약모밀차를 한방약이라 하면서 어머니가 사오셨는데, 맛은 없더라.

하아코 나도 수입 한방약인 잇꽃을 받은 적이 있는데, 상표를 보니 이집트로부터 온 수입품이었어. 좀 이상하지 않니?

주해

'생약'이란 아스피린이나 술파제 같은 화학적으로 합성한 약(합성약)에 반대되는 말입니다. 원래는 의사가 처방한 약은 모두 천연자연계에서 재료를 구해서 만들어졌습니다.

그러므로 초근목피는 말할 것도 없고 웅담이나 뚜꺼비 기름 같은 동물성의 것이나 굴껍질, 무명이(無名異 ; 산지에 따라 다르다는 뜻인 것 같은데, 망간을 함유하는 수산화철을 말함)나 광물질까지도 총칭하여 '생약'이라고 합니다.

지금도 '약석(藥石)의 효과도 없이'라는 표현이 있는데 '약(藥)'은 식물질, '석(石)'은 광물질의 생약을 표현하는 것이라 합니다. 더욱이 '석'은 옛날에 사용한 돌로 만든 침을 뜻한다는 설도 있으나, 전한(前漢)시대에는 이미 은으로 만든 침이 사용되고 있었습니다. 이 '석제의 침'설을 훨씬 후대의 왕양명(王陽明)인가가 처음으로 제창하였다고도 하는데 믿기는 좀 힘들 것 같습니다.

이러한 생약을 여러 가지 전적(典籍)에 있는 처방에 따라 조제한 것이 바로 '한방약'인 것입니다. 그러나 생약은 산지에 의한 유효성분의 차가 심하며, 물품에 따라서는 중국산보다 한국산 또는 일본산이 훨씬 유효성분의 함량이 많거나 품질이 좋은 것도 적지 않습니다.

일본은 면적이 적으면서 동물계나 식물계가 매우 풍요로워 에도(江戶)시대에 들어온 켐페르나 선버르기, 시볼드 등의 외국인들이 일본의 식물을 어떻게든 유럽으로 가지고 가서 이식하고자 남다른 노력을 다했던 것은 고위도이며 식물상이 빈약한 네덜란드나 스웨덴, 독일 등과 같은 환경에서는 기대할 수도 없는 풍부한 식물이 일본에 생육, 재배되고 있었기 때문이라 합니다.

나가사키(長崎)의 데지마(出島)에 꽤 대규모의 식물원이 만들어져 있던 것은 당시의 범선으로 수마트라 섬을 경유하여 몇 년이나 걸려 유럽까지 운반하기 전의 기후순화를 위한 것이었습니다.

당시의 중국 개항지의 관리들은 외국인에게 식물의 채집을 좀처럼 허가하지 않았습니다. 그 때문에 원래는 중국이 원산지인데 학명으로는 일본어의 명칭, 혹은 일본원산을 뜻하는 명칭이 붙어 있는 것이 적지 않습니다. 가령 '매화'는 'Prunus mume'이고 '겨울동백'은 'Camelia sasanqua' 같은 식으로 말입니다.

막부 말기에 에도에 온 영국의 관리들은 스가모(巢鴨)의 국화나 소메이(染井)의 진달래 등, 꽃집들이 연이어 있는 것을 보고 경탄하여 고국에 그런 사실을 감동적으로 전했습니다. 에도는 하나의 커다란 원예도시였던 것입니다. 영산홍이나 수국, 작약 등 한번은 유럽의 원예계에서 그 쪽의 기호에 적합하도록 개량되었다가 다시 일본에 되돌아온 것도 적지 않습니다. 원예의 대상은 나팔꽃이나 만년청 같은 좁은 뜻의 원예작물에만 한정된 것이 아니었습니다. 생약용의 약용식물도 그 일익을 담당하였던 것입니다.

가령 시호(柴胡)나 해대(海帶 ; 다시마) 등은 아무리 넓은 중국대륙이라 할지라도 양질품은 전혀 산출되지 않고, 에도시대부터 현대에 이르기까지 일본에서 수출되고 있는 생약 품목의 상위로 항상 기록되고 있습니다. 시호의 양질품은 후지산 남쪽 기슭에서 생산됩니다.

이처럼 산지에 의한 차가 있다면, 일본 독자적인 처방도 당연히 있어야 할 것입니다. 실제로 일본 독자적인 처방도 여러 가지가 있습니다. 이러한 것은 '화방약'이라 해야 하는 것이겠지요. 같은 식으로 네덜란드[和蘭]에서 전래된 것은 '난방약(蘭方藥)'이라 합니다.

보통 '한방약(漢方藥)'이라 하여 이질풀이나 쓴풀, 약모밀 등을 다려서 흔히 마시고 있는데, 이러한 것은 중국 고대의 처방에 기초한 것이 아닙니다. 굳이 말한다면 일본 고유의 '민간약'인 것입니다. 생약에 속한다고 해서 모두가 '한방약'은 아닙니다.

29. 염화은은 물에 뜨는가?

【문 제】

은과 염소의 원자량은 각각 108, 35.5이라 한다. 이것으로 염화은의 밀도를 계산하라. 단, 염화은은 암염형의 결정이며 단위격자의 한 변의 길이는 5.58옹스트롬이라는 것을 알고 있다.

● 오 답

> 단위격자 속에 포함되는 은과 염소는 각각
> $1/8 \times 4 = 1/2$이므로 다음과 같이 밀도가 계산된다.
> $$(108 + 35.5) \times (1/2) / [(5.58 \times 10^{-8})^3 \times 6 \times 10^{23}]$$
> 이것을 계산하면 밀도는 $0.68 \mathrm{gcm}^{-3}$가 된다.

갸피코 1옹스토롬은 1억분의 1센티미터이므로, 이것은 틀림없을꺼야.

미이코 그렇지만 염화은이란 것은 식염수에 질산염을 넣었을 때 생기는 흰 침전물이 아니야.

하아코 그러니까 물보다 무거워야 되잖아. 틀림없이 결정을 이룬 것과 침전 중인 것과는 비중이 다를꺼야.

주해

　하아코 양은 잘못된 결론을 유도하였는데 그것은 단위격자의 취급을 잘못했기 때문입니다.

　암염격자는 142쪽의 그림에 나타낸 것과 같이 흑점이 나트륨이온, 백점이 염화물이온이라면 염화나트륨이 되고 흑점이 나트륨이온 대신에 은이온이라면 염화은의 결정을 나타내게 됩니다.

　단위격자는 결정 속의 3차원적인 반복의 최소단위이나, 가장 대칭성이 좋은 형태를 취하게 되어 있습니다.

　염화나트륨도 염화염도 '입방정계(등축정계)'라 불리는 형태의 결정이므로 단위격자는 입방체가 되며 각각의 결정축은 직교하여 있습니다. 차이는 모서리의 길이뿐입니다.

　단위격자는 양이온에서 양이온까지—물론 음이온에서 음이온까지도 같습니다—의 거리를 반복하는 단위로 하므로 이 단위격자 속에는 양이온이 4개, 음이온이 4개 함유되어 있는 셈입니다. 즉 화학식의 4단위분에 해당합니다.

　이것으로 밀도는 다음과 같이 계산하는 것입니다.

$$\frac{108+35.5}{6\times10^{23}} \times 4 \times \frac{1}{(5.58\times10^{-8})^3}=5.49\,\text{gcm}^{-3}$$

　「오답」과 비교하면 단위격자 속의 화학식단위의 수—보통 Z

로 나타냅니다—가 1/2이 아니고 4로 되어 있는 것만 다릅니다.

이것으로 계산하면 염화은의 밀도는 분명히 물보다 크고, 틀림없이 침전하게 되는 것입니다.

그런데 어떤 교과서에 이 단위격자를 다음 페이지의 아래 그림같이 그려져 있는 것이 있었습니다. 갸피코내들 세 아가씨들의 잘못은 어쩌면 이것이 원인인지도 모릅니다.

이것을 알기 쉽게 하기 위하여 일부러 가로 세로 앞의 세방향 모두를 4반주기분 만큼 차이를 두고 그렸겠지만, 이것이라면 Z는 4가 되므로 얼핏 보아서는 바르게 그린 것같이 보입니다.

그렇지만 '가장 대칭성이 높도록 단위격자를 취한다'는 약속이 있으므로 이 방법은 역시 잘못된 것입니다. 거기에 더하여 갸피코내들 같이 또한 이 안쪽에 포함되는 부분만을 계산한다면 아무리 애써 본들 정답에 이를 가능성은 없습니다.

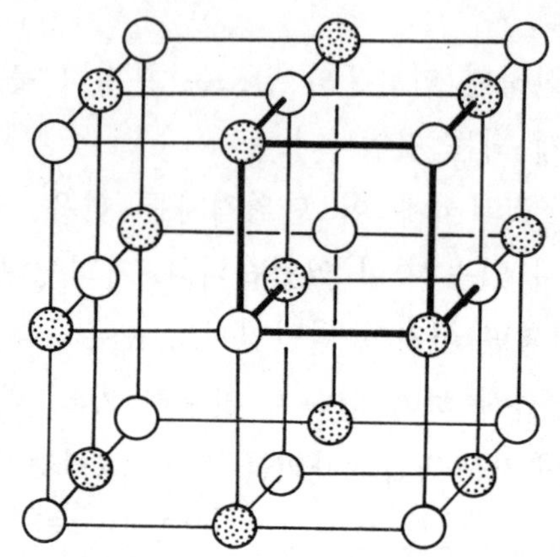

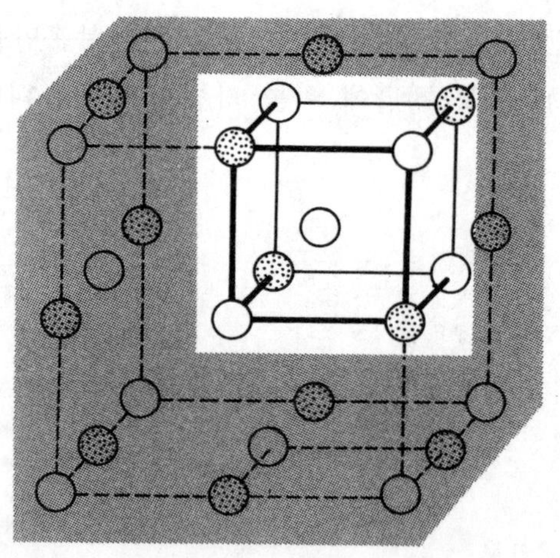

30. 1몰이란 22.4리터를 말하는가?

【문 제】

1몰이란 어떠한 양인가.

● 오 답——①

> 어떤 물질에도 부피 22.4리터를 취하면 그 속에 포함되는 양이 1몰이다.

● 오 답——②

> 원자량이나 분자량에 그램을 붙인 양이 1몰이다. 그러므로 원자량이나 분자량을 정할 수 없는 것은 몰수를 결정할 수 없다.

갸피코 이것만은 꼭 시험에 출제되니 외워두도록 하라고 고등학교 때 들은 것 같아.

미이코 나는 말야, 옛날에는 '그램 분자'니 '그램 원자'라고 부르는 것같이, 원자량이나 분자량에 그램을 붙인 것이라고 배운 것 같아.

하아코 그렇다면 좀 이상하지 않니. 물과 수증기로 1몰이 달라지는 것이 아니냐?

144

현재의 정의로는 물질량의 단위로서 몰(mol)이 정의되어 있는데, 이것은 '아보가드로 수 만큼의 입자 집단을 1몰로 한다'고 되어 있습니다. 연필을 다스로 세는 것 같은 것으로, 사용하기 쉬운 양ㅡ화학의 경우라면 그램 단위ㅡ으로 다루게 하려면 아보가드로 수 만큼을 모으면 안성맞춤이라는 뜻입니다.

아보가드로 수는 약 6022해($垓$: 천억)입니다.

이 '해'는 10의 20제곱, 즉 1조의 1억배를 뜻합니다. 정밀하게는 좀더 자릿수를 구할 수 있으나 개략적으로는 6000해라 하여도 오차는 0.4% 정도입니다. 수소원자를 6022해개 모으면 약 1g 되는 셈입니다.

개수로 정의되어 있는 것으로 원자량이나 분자량이 없는 소립자나 전자도 같이 몰 단위로 셀 수 있습니다. 가령 '전자 1몰의 전기량'이란 표현은 가능합니다. 이것은 1패러데이와 동등합니다. 아보가드로 수를 정밀하게 구하는 방법의 하나로 1패러데이를 단위전하(전자 1개가 갖고 있는 전하)로 나누는 계산방법이 있습니다.

「오답ㅡ①」의 정의는 실은 1기압, 섭씨 0도에서의 이상기체의 1몰이 점하는 부피가 22.4리터라는 데 근거합니다. 그러므로 기체 상태에 있는 것을 이상기체에 근사하게 하였을 때에 비로소 의미를 갖는 것입니다.

그런데 실제로 있는 여러 가지 기체에는 이 값에서의 이탈이 때로는 매우 커집니다. 수소나 헬륨같이 끓는점이 극히 낮은 기체이면 이 이상기체로서부터의 이탈은 큰 문제가 되지 않으나, 암모니아나 이산화황같이 쉽게 액화되는 기체—즉 끓는점이 빙점에서 얼마 떨어져 있지 않는 기체—에서는 이탈하는 정도가 때로는 수 퍼센트에도 이릅니다. 물론 개략적인 계산을 하는 데는 무방하지만(실은 이것만으로도 대단한 일이지만), 기계적으로 '무엇이든 22.4리터'라는 식으로 하면 하아코 양의 지적같이 '물과 수증기로는 몰수가 다른' 결과가 됩니다.

「오답―②」에 있는 '그램 분자'니 '그램 원자'니 하는 표현법은 이전의 화학교과서에는 예외없이 기재되어 있었습니다. 현재에도 특수분야에서 옛날 방식을 고수하는 선생님들이 득세하고 있는 곳에서는 여전히 사용되고 있는 것 같습니다. 그러나 현재의 화학 문장을 이해하려면 이 '그램 분자'니 '식량(式量)' 등의 표현은 사용되는 범위가 지나치게 한정되므로 이미 시대에 뒤떨어진 것이 되고 말았습니다.

구성단위가 정확하면 분자나 원자가 아니더라도 몰이란 단위는 사용할 수 있으므로, 지구상의 인구수가 대략 60억 명이 된다는 말 대신에 '10^{-4}몰의 인구' 혹은 '0.01피코몰의 인구'란 말도 가능하기는 합니다.

이렇게 보면 화학에서는 실로 다수의 입자집단을 다루고 있다는 것도 알게 됩니다. 흔히 '천문학적 숫자'라고 말하는데, 다루고 있는 수의 자릿수만을 문제로 삼는다면 화학 쪽이 큰 것에서부터 작은 것에까지 훨씬 규모가 넓습니다.

31. 원자량의 유효숫자는 나눗셈으로 정해지나?

【문 제】

원자량의 자릿수에 차이가 있는 이유는 무엇인가.

● 오 답

> 여러 가지 동위원소의 질량 가중평균을 나눗셈으로 산출하였으므로 동위원소가 여러 종류가 되면 자릿수가 늘어난다.

갸피코 그렇지만 끝수를 곱해 가지고 보탠 다음에 나누면 하나밖에 없는 것보다 것이 자릿수가 많아지지 않나요.

미이코 그래, 계산기로 나눠보면 바로 몇 자리라고 나오지 않아.

주해

원소의 원자량을 구하는 데는 화학적인 방법과 물리적인 방법이 있습니다.

화학적인 방법은 원자량을 정하고자 하는 원소의 가능한 한 순수한 화합물을 만들어 이것을 할로겐화물(통상 염화물)로 변화시키고 다음에 이것을 분해하여 염소이온(염화물 이온)을 질산은을 사용하는 은적정(銀滴定)으로 정량합니다.

이것에서 목적하는 원소의 염소이온 1몰과 정량적으로 반응하는 질량 즉 '당량'을 계산할 수 있으므로, 이것에 원자가를 곱하면 '원자량'을 구할 수 있습니다. 미국인으로서 최초로 노벨화학상을 수상한 리처드(T.W. Richard)는 이 방법에 의해 다수 원소의 원자량을 정밀하게 결정한 공적을 인정받은 것입니다.

그러나 현재에는 고감도, 고정도의 질량분광계가 만들어져 원자의 질량은 소수점 이하 여섯자리 정도까지 정확하게 구하는 것이 가능해졌습니다.

이것이 물리적 측정법 중에서 가장 정밀한 방법의 하나입니다. 그러나 여기서 구할 수 있는 것은 엄밀하게는 각각의 동위원소의 질량에 불과한 것입니다. 그런데도 개개의 동위원소의 질량을 정밀하게 구할 수 있다면 원자량도 모두 소수점 이하 여섯자리에까지 기록하여도 좋을 듯 싶습니다만, 그렇게 되지 않는 것은 역시 그만한 까닭이 있기 때문입니다.

천연에 존재하는 동위원소가 1종류밖에 없는 원소 가령 플루오르, 인, 로듐 같은 원소에는 원자량의 유효숫자가 여러 개

배열되어 있습니다. 그러나 몇 종류의 동위원소가 천연에 존재하는 원소의 원자량은 각각의 동위원소의 존재비를 곱하여 평균한 '가중평균'이 원자량(평균원자량)입니다.

여기서 문제가 되는 것은 이 각 동위원소의 존재비입니다. 개략적으로 보면 각각의 동위원소 존재비는 지구상의 어디에서도 크게 다를 리가 없으나 소수점 이하 여섯자리라고 하면 100만분의 1, 즉 ppm의 자리까지가 정확하게 결정되어야만 합니다.

각각의 동위원소 존재비도 이 정도까지에 이르면 산지에 따라 상당한 차이가 생긴다는 것을 알게 되었습니다. 그러므로 자릿수가 적은 데에서 멈추지 않으면 원자량의 값에도 편차가 생기는 결과가 됩니다.

예를 들면 황의 원자량은 수 년 전의 국제원자량표에는 32.064란 값으로 적혀져 있었습니다. 그러나 세계 각지의 시료에 대해, 특히 화산(火山) 기원의 것과 생물 기원의 것 등에 대한 자료가 종합되어지니 서로의 편차가 커서 도저히 유효숫자 다섯자리의 범위에서 정하는 것이 어렵게 되어 지금과 같이 32.06을 채용하게 된 것입니다.

더욱 옛날에는 황의 원자량으로서 32.066이 쓰인 일도 있습니다. 그 외에도 질소나 수소, 탄소 등은 천연(무생물권)의 것과 생체 기원의 것과는 근소하나마 동위체 조성에 차이가 있어, 이것에 의해 태고대(太古代)의 남조(濫藻)로 여겨지는 화석을 생물 기원이라고 증명한 일도 있었던 것 같습니다.

안정 동위원소의 종류가 많은 주석이나 오스뮴이나 납 등의 원자량이 소수점 이하 두 자리밖에 없는 것은, 이 존재비를 정밀하게 구할 수 없거나 혹은 시료에 따라 편차가 크기 때문입니다.

더욱이 다수의 핵종이 천연에 존재하여도 하나만이 압도적으로 다수를 점하는 경우에는 편차가 있다 하여도 원자량의 유효숫자에는 별 영향을 미치지 않습니다. 수소나 바나듐, 란탄, 우라늄 등이 이런 예입니다.

우라늄의 원자량은 238.0289로 되어 있으나 천연에는 다음과 같은 3종의 동위원소가 존재하고 있습니다.

질량수	천연존재비(%)
U-238	99.2739
U-235	0.7204
U-234	0.0056

블루백스에 『17억년 전의 원자로』(한국어판 B132)를 쓰신 구로다(黑田和夫) 선생의 이야기에도 나오는 아프리카 가봉의 오크로광산 천연원자로의 화석은 우연히 발견된 것이지만, 이때의 동기는 프랑스에서 이 광산에서 보내지는 광석 중의 우라늄 동위원소 비를 측정하였더니 U-235의 존재가 매우 작다는 것이 발견되었기 때문입니다.

이때 최초에 발견된 이상값이란 것은 U-235의 존재비가 위에 적은 값보다 분명하게 적었는데 그 값은 0.7121%였습니다.

이것을 근거로 하여 지금은 오크로산(産) 우라늄광석 중의 우라륨 원자량과 통상의 동위체 조성의 차를 구하면 0.00026이 되어 소수점 이하 네자리에 영향을 미칠까 말까 하는 차이밖에 없습니다. 단순히 나눗셈만으로 자릿수를 구하는 것은 아닙니다.

32. 빙초산은 무수초산인가?

【문 제】

100% 초산은 섭씨 16.5도에서 고화(固化)한다. 이러한 초산의
다른 이름은 무엇인가.

● 오 답

> 물을 전혀 함유하지 않으므로 무수초산이다.

갸피코 물을 전혀 함유하지 않는 알코올이 무수알코올이니까.

미이코 '무수(無水)의 벤젠'이니 '무수의 에테르를 사용하여'라
는 식으로 교과서의 실험란에도 있었어요.

하아코 왜 틀렸습니까?

주해

순수한 초산의 다른 이름은 '빙초산'입니다. 이것은 독일어
(Eisessig, Eis＝얼음, Essig＝초)에서 직역한 것 같은데 영어에

서는 'glacial acetic acid'이라고 합니다. 조금이라도 물이 혼입되면 끓는점이 크게 저하하므로 일단 뚜껑을 연 것은 냉각하여도 좀처럼 고화하지 않습니다. 흡습성이 크기 때문입니다.

'무수초산'은 실은 초산하고는 전혀 다른 화합물입니다. 유기용매의 경우에 '무수 ○○'라고 적혀 있으면 이것은 문자 그대로 '물을 함유하지 않은 건조상태'에 있는 것을 말하는데, 산의 경우에는 분자에서 물이 제외된 형태의 다른 화합물이 흔히 '무수 △△산'이란 이름으로 불려집니다. 지금의 무수초산도 그 예입니다.

초산은 물을 어떤 비율로도 혼합할 수 있습니다. 즉 용해도 무한대라고 하는 것인데, 무수초산은 상온에서는 약 12%밖에 물에 녹지 않습니다. 또한 $-COOH$기(카르복시기)가 없으므로 산성도 나타내지 않습니다(물론 분해가 일어나면 초산이 생기므로, 그 결과로서 산성을 나타내게 됩니다).

무기화합물의 세계에서는 이 '무수 △△산' 같은 명칭은 이전에는 보통으로 사용되었습니다. 가령 '무수크롬산'이든가 '무수황산' 등이 그것입니다.

이러한 것은 각각 CrO_3와 SO_3를 말하며 H_2CrO_4나 H_2SO_4에서 1분자의 물이 제거된 조성에 해당합니다.

실제로 물에 녹이면 다시 물이 부가하여 산으로서 작용하게 됩니다. 그러나 지금은 갸피코내들 같은 오해를 조금이라도 없애기 위해서 이 '무수황산'과 같은 명칭은 별로 사용하지 않고 있습니다.

유기의 산(카르본산)의 무수물의 경우 사실 물과의 반응은 그리 빠르게 진행되지 않습니다. 지금의 무수초산도 오랜 시간이 지나야 물과 반응하여 초산이 되나, 수소이온이 촉매가 되므로 분해반응이 시작되면 일시에 진행되어 대단한 발열을 수반합니다.

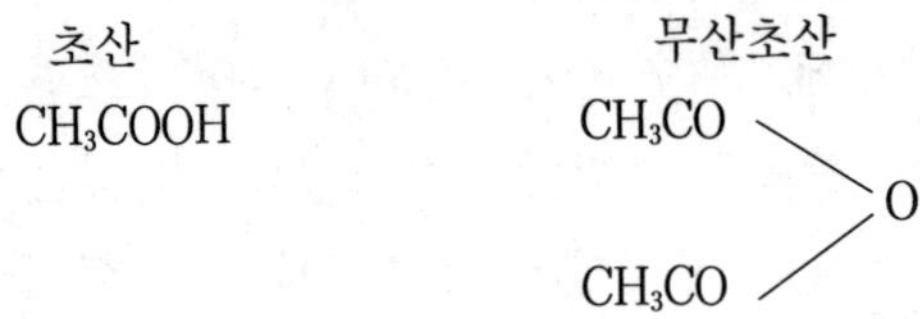

무수초산은 빙초산의 탈수작용으로 만들어질 수도 있기는 하지만, 보통은 아세트알데히드의 산화 혹은 초산과 케텐($CH_2=C=O$, ketene)의 반응으로 대량생산됩니다. 반응성도 초산과는 매우 다르므로 시약으로써 대용할 수는 없습니다. 화학물질의 이름만을 암기하면 어처구니없는 결과를 초래하기 쉽습니다.

33. 리놀산은 2가의 지방산인가?

【문 제】

초산은 1가의 지방산이다. 그렇다면 2가의 지방산으로는 어떤 것이 있는가.

● 오 답

리놀산

갸피코 언젠가 아사히신문 과학란에도 그렇게 적혀 있었어요.

미이코 1가와 2가란 무슨 뜻이지요?

하아코 글쎄, 잘은 모르겠으나 뭔가 하나가 되거나 둘이 되는 것이 아닐까.

주해

이 '1가의 산'이니 '2가의 염기'니 하는 표현은 옛날의 '일염기산'이나 '이산염기' 같은 표현을 바꾼 것입니다.

이 '몇 개의 산'이란 것은 산으로서 해리하는 수소원자가 몇 몰당 몇 개인가 하는 것으로 질산이나 염산, 초산이면 1개, 황산이나 탄산이면 2개인 것입니다.

유기화합물이면 분자 내에는 다수의 수소원자가 있습니다만, 그 중에서 해리하는 것은 카르복시기($-COOH$)이거나 페놀성의 수산기의 수소만입니다. 보통은 카르복시기만을 생각하면 됩니다. 그러므로 1가의 산은 '모노카르본산', 2가의 산은 '디카르본산'이 되는 셈입니다.

'지방산'이란 것은 긴 사슬모양의 탄화수소기의 어딘가에(대부분의 경우는 가장 끝쪽에) 카르복시기가 붙어 있는 것을 가리키나 탄소사슬이 짧은 초산이나 프로피온산, 낙산, 혹은 전혀 탄소사슬이 없고 대신 수소원자만이 붙어 있는 포름산($HCOOH$) 등도 포함한 총칭의 표현입니다. '프로피온산'이란 명칭도 대강 '최초의 지방산'이란 뜻입니다.

2가의 지방산은 상기한 것 같이 1분자 내에 2개의 카르복시기를 함유하는 것이므로, 가장 간단한 것은 옥살산($HOOC-COOH$)입니다. 이 중에는 메틸렌기($-CH_2-$)가 들어 있는 것이 몇 가지가 알려져 있는데 말론산, 호박산, 글루타르산, 아디프산 등이 있습니다.

'66나일론'의 한쪽 성분은 이 아디프산이며, 메틸렌기 4개의 사슬 양쪽에 카르복시기가 붙은 구조를 하고 있습니다.

이밖에도 여러 가지 치환기를 함유하는 것으로서 아미노산의 글루탐산이나 아스파라긴산, 히드록시산의 타르타르산이나 말산 등 주변에 보면 많은 산이 있습니다. 지방족은 아니지만 폴리에스테르섬유의 원료인 테레프탈산도 전형적인 디카르본산입니다.

여기에 '리놀산'이 왜 나타났을까요? 리놀산은 $C_{17}H_{31}COOH$ 로서 카르복시기는 분자내에는 1개만이 있습니다. 이 중에 2개 있는 것은 산소원자와 이중결합($-CH=CH-$)한 것만입니다.

이중결합이 전혀 없는 탄소수가 18인 지방산이 '스테아린산', 하나만 이중결합을 함유하는 것이 '올레인산'이라고 불립니다. 그러므로 아마도 담당기자가 미리 짐작하여 '2가'를 이중결합의 수로 오해하였다고밖에 생각할 수 없습니다.

신문의 과학기사는 때로는 순진한 여러 사람에게 무비판적으로 받아들여지는 경향이 있으므로 이런 류의 오류는 될 수 있는 한 삼가해야 할 것입니다. 자칫하다가는 "댁의 기사 때문에 입시에 낙방하였다"는 소송문제가 생길지도 모르겠습니다.

요즘 건강식품으로 인기있는 식물성기름 중에는 리놀산이나 리놀렌산같이 이중결합의 수가 많은 지방산이 혈액 중의 콜레스테롤 값을 낮추는 작용이 있다 하여 높이 평가되고 있습니다. 참기름이나 잇꽃의 기름 등이 이런 종류입니다.

평소 우리가 먹고 있는 유지 성분은 좀처럼 단순한 단일 지방산만이라고는 할 수 없으므로, 일부 영양학의 해설서에 기재되어 있는 것처럼 이중결합의 수가 많다는 것만으로 신체에 좋다고는 할 수 없을 것입니다.

차라리 여러 가지 지방산이 적절하게 섞여 있기 때문에 우수한 영양물이라고 생각할 수 있습니다.

에필로그

　캠퍼스 내를 갸피코내들 세 아가씨가 걷고 있다. 프롤로그 때에 비하면 표정도 매우 밝습니다. 이럭저럭 추가시험도 끝나고 성적도 꽤 좋았던 것 같습니다.

미이코　그런데 선배들의 모범답안이란 너무나 엉터리여서 전혀 모범이 아니잖아. 도이 선배 같은 분은 정말 이것으로 시험통과하였을까?

갸피코　글쎄 말이야. 소메이 교수도 손들지 않았어. 낙제생을 적게 내고 편하려고 후한 점수를 주지 않았어. 그렇지 않으면 마지막에 백지 이외의 해답이면 전부 합격시켰고.

하아코　그랬을꺼야. 그러니 우리는 너무 손해본 것 아냐.

갸피코　그러게 말야, 그렇지만 너무 했어.

　캠퍼스를 둘러 있는 나무울타리 밖에는 구급차가 사이렌을 울리면서 달려와 한 모퉁이 앞에서 멈추었습니다. 호기심 많은 세 사람은 그 곳까지 달려갔습니다.

갸피코　야, 저기는 도이 선배가 살고 있는 아파트야.

하아코　관리인이 뭐라고 떠들고 있는데 무슨 일일까.

미이코　가서 알아보고 올께.

　두 사람도 뒤쫓아갑니다.

미이코 큰일 났어요! 도이 선배가 화장실 청소하다 넘어졌대. 염산에 하이타인가 하는 표백제를 섞는 바람에 염소 중독을 일으켰대.

하아코 정말! 마사카 교수님에게서 그런 말 들은 것 같기도 해.

갸피코 그래, 그래. 믿기 어려웠는데 목숨에도 관계된다고 들은 것 같애. 역시, 잘못 다룬 것 같은데 화합물을! 어떡하지.

모두들 새파랗게 질려 있습니다. 거기에 귀가 중인 모토이 교수가 나타났습니다.

모토이 교수 왜 그래요. 세 사람 모두 안색이 매우 나쁘잖아?

갸피코 교수님, 지금 도이 선배가 염소 중독으로 구급차에 막 실려 갔습니다.

미이코 마사카 교수님이 말씀하신 것이 사실로 되었지 않아요.

모토이 교수 역시 화학이란 자기 자신을 지키기 위해 공부하는 것이기도 해요. 그러니 암기식 공부는 아무 쓸모도 없는 거예요. 틀린 내용만을 암기식으로 공부하면 언젠가 이런 일이 생길 거라고 걱정은 했어요.

세 사람 정말, 네 알아 들었습니다. 이제부터 마음을 다시 먹고 열심히 하겠습니다.

모토이 교수 너무 처음 결심에 힘주면 오래가지 못해요. 마사카 교수님이 여러분에게 전해주라고 한 알기 쉬운 참고서의 목록을 맡고 있는데, 책방에 가거든 찾아 보세요. 주간지나

만화 외에도 제법 재미있고 읽어두면 좋은 내용의 책들이
많을 겁니다.

세 사람 그래요. 고맙습니다.

갸피코 모토이 교수님, 교수님이 쓰신 책은 없습니까? 있으면
마사카 선생님의 책과 함께 사보려고 하는데…

모토이 교수 미안하지만 아직 없습니다. 그렇지만 고단샤에서
부탁받고 있으니 얼마 있으면 블루백스로서 한 권 출판될
거예요.

모토이 교수가 세 사람에게 준 참고서 목록에는 여러 가지
내용의 쉬운 책들의 제목이 적혀 있었습니다.

장소는 바뀌어 대학 앞의 다방입니다. 사도시 군과 갸피코가
무엇인가에 대해 말하고 있습니다.

사도시 이번에는 A학점 땄다면서? 잘했어. 드디어 졸업하게
되었구나. 틀린 답안지대로였다면, 마사카 교수님 말마따나
생명하고도 관계되며 취직시험에도 떨어졌을지 모르잖아.

갸피코 사실 그래요. 도이 선배 같은 분은 구급차에 실려갈 정
도로 위험했으니. 앞으로는 만화 외의 책도 보기로 했어요.

사도시 정말이야?

갸피코 정말이구말구요. 무엇보다 생명에 관계되는 실례를 보
아야겠어요. 고단샤의 블루백스 정도라면 졸음도 오지 않고
쉽게 읽을 수 있다고 모토이 선생도 말했어요.

사도시 사실이야. 학생시절에는 부끄러움 당해도 상관없지만
사회에 나가면 그렇지도 않아. 주간지나 가십잡지의 웃음거

리 재료가 되어서는 안되지. "저 아가씨는 무슨 말은 해도 전혀 알아듣지 못하고 엉뚱한 대답만 해. 차 심부름이나 카피 해오는 일 정도밖에 못해" 하는 소리를 듣지 않도록 공부하지 않으면 말이야. 차 심부름이나 카피 해오는 일 같은 것을 매일 한다면 어디 그거 되겠어.

갸피코 역시 훌륭한 선배는 좋은 충고를 해주는군요. 고맙습니다.

찾아보기

화학오답집
― 오답은 왜 생기는가?   **B171**

───

                        1994년 10월   5일   인쇄
                        1994년 10월 15일   발행

옮긴이   편집부
펴낸이   손영일
펴낸곳   전파과학사
서울시 서대문구 연희2동 92−18
TEL. 333−8877 · 8855
FAX. 334−8092   1956. 7. 23. 등록 제10−89호

───

공급처 : 한국출판 협동조합
서울시 마포구 신수동 448−6
TEL. 716−5616~9
FAX. 716−2995

───

· 판권 본사 소유   · 파본은 구입처에서 교환해 드립니다.
                            · 정가는 커버에 표시되어 있습니다.

            ISBN   89-7044-171-9   03430

BLUE BACKS 한국어판 발간사

블루백스는 창립 70주년의 오랜 전통 아래 양서발간으로 일관하여 세계유수의 대출판사로 자리를 굳힌 일본국·고단샤(講談社)의 과학계몽 시리즈다.

이 시리즈는 읽는이에게 과학적으로 사물을 생각하는 습관과 과학적으로 사물을 관찰하는 안목을 길러 일진월보하는 과학에 대한 더 높은 지식과 더 깊은 이해를 더하려는 데 목표를 두고 있다. 그러기 위해 과학이란 어렵다는 선입관을 깨뜨릴 수 있게 참신한 구성, 알기 쉬운 표현, 최신의 자료로 저명한 권위학자, 전문가들이 대거 참여하고 있다. 이것이 이 시리즈의 특색이다.

오늘날 우리나라는 일반대중이 과학과 친숙할 수 있는 가장 첨경인 과학도서에 있어서 심한 불모현상을 빚고 있다는 냉엄한 사실을 부정할 수 없다. 과학이 인류공동의 보다 알찬 생존을 위한 공동추구체라는 것을 부정할 수 없다면, 우리의 생존과 번영을 위해서도 이것을 등한히 할 수 없다. 그러기 위해서는 일반대중이 갖는 과학지식의 공백을 메워 나가는 일이 우선 급선무이다. 이 BLUE BACKS 한국어판 발간의 의의와 필연성이 여기에 있다. 또 이 시도가 단순한 지식의 도입에만 목적이 있는 것이 아니라, 우리나라의 학자·전문가들도 일반대중을 과학과 더 가까이 하게 할 수 있는 과학물저작활동에 있어 더 깊은 관심과 적극적인 활동이 있어 주었으면 하는 것이 간절한 소망이다.

1978년 9월

발행인 孫 永 壽

도서목록

BLUE BACKS

도서목록